九州文库

有机食品安全管理与可持续发展

生吉萍　武　英 著

九州出版社
JIUZHOUPRESS

图书在版编目（CIP）数据

有机食品安全管理与可持续发展 / 生吉萍，武英著
. -- 北京：九州出版社，2023. 2
ISBN 978-7-5225-1675-2

Ⅰ. ①有… Ⅱ. ①生…②武… Ⅲ. ①绿色食品—食品安全—安全管理 Ⅳ. ①TS201. 6

中国国家版本馆 CIP 数据核字（2023）第 032429 号

有机食品安全管理与可持续发展

作　　者　生吉萍　武　英　著
责任编辑　蒋运华
出版发行　九州出版社
地　　址　北京市西城区阜外大街甲 35 号（100037）
发行电话　（010）68992190/3/5/6
网　　址　www. jiuzhoupress. com
印　　刷　唐山才智印刷有限公司
开　　本　710 毫米×1000 毫米　16 开
印　　张　16. 5
字　　数　305 千字
版　　次　2023 年 2 月第 1 版
印　　次　2023 年 2 月第 1 次印刷
书　　号　ISBN 978-7-5225-1675-2
定　　价　95. 00 元

序　言

在我国社会经济快速发展的今天，人们的生活水平也在不断提高。有了粮食的充足供给，人们对食品品质提出了更高的要求。与此同时，人们还在思考如何消除传统集约型农业带给自然的负面影响，如何让农业可持续地发展，从而保障安全食品的可持续供应。这时，一类关注自然生态、注重安全食品生产、人与自然和谐发展的概念渐渐出现在人们的视野中。有机食品便是其中的代表。

有机食品源于有机农业。有机农业是一种生产体系，它要求按照有机农业的标准进行生产、加工，不允许使用化学合成的肥料、农药、添加剂、转基因物质，种植业、养殖业协调发展，遵循自然规律与生态学原理，从而实现对环境友好的食品可持续发展。在国际上，有机运动得到广泛的认可，国际有机联盟（IFOAM）与瑞士有机农业研究所（FiBL）已经连续多年对世界有机产业进行调查并编写统计年鉴报告。2019 年底的数据表明，全球 187 个国家和地区开展有机农业的生产，有机农地面积和有机农产品零售额持续增长并达到了历史新高；相关数据也标志着有机产业已经进入强调全面创新、最佳实践、透明诚信、全价值链、和谐合作，并将主流化作为有机农业发展终极目标的 3.0 时代，这也代表着世界农业发展方向。2020—2022 年世界经历了新冠疫情的冲击，有机产业也受到了很大的影响。2020 年我国境内获证企业和颁发的证书数量有所减少，但随着新冠疫情得到控制，2021年在中国境内共有14559家企业获得有机产品认证证书23056张，中国标准有机证书颁发数量比2020年增加了11.9%，获证企业也增加了11.5%。2022年的“后疫情”时代消费者更加注重追求健康的生活方式，新冠肺炎疫情迫使人们对环境、健康以及人类未来的可持续发展有了更深的思考。

我国有机产业迅速发展，人们认可有机农业遵循的“尊重自然、顺应自然、人与自然和谐相处”的生态学理念和“健康、生态、公平、关爱”的原则。要实现“绿水青山就是金山银山”，必须全面深化绿色发展的制度创新，坚定走生产发展、生活富裕、生态良好的文明发展道路，促进有机产业发展是实现农业可持续发展核心路径之一，是实现农业绿色转型以及全面践行“绿水青山就是金山银山”理念的重要途径。

目前研究有机产品生产技术的领域仍在不断发展，针对有机食品管理出台的方针政策、法律法规、标准体系等规章制度也在逐步完善中，许多研究人员对有机产业链感兴趣。在生产实践中，越来越多的企业加入有机产业中来，他们有的是因有提升中国食品安全的责任感驱使，有的为了整个人类社会发展的使命感推动，他们也许还在艰难探索的路上，也许已经小有成就，也许不堪重负退出了有机行业，无论是哪一种，他们的经历分享都会为之后的有机产业从业者、管理者、消费者提供宝贵的经验参考。

本书作者结合研究团队承担的国家自然基金重点项目和国家科技支撑课题的研究，将产业发展的各个层面以较为清晰的脉络组合起来，将研究成果融入其中，结合标准要求与具体的技术，为对产业发展感兴趣的人们提供一本较为全面的参考书，让读者通过本书能够较全面了解有机食品行业全貌，看到有机产业对生态、社会、经济及文化的影响，理解有机产业对可持续发展的意义。同时，这也是理论与实践相结合的产物，有机产业中的多个企业积极参与，将他们的成功经验总结并进行分享。“安否”团队与“安否平台”为有机企业典型成功案例的形成做了大量的工作。本书还融合了课堂教学研究的成果，多位研究生参与相关研究，他们的观点新颖而独特。

本书是研究团队集体智慧的结晶，写作与出版过程也经历了近5年的时间。除了两位著者之外，多位研究生和“安否”团队的人员参与了各章节内容的撰写。其中，闻亦赟参与了第二章，闻亦赟、刁梦摇、石鸿旭、刘晓曼、林郁婷、徐灵均、欧阳高翔、马婉祯、高凌光合作参与了第三章的资料整理，中国农业大学的申琳老师参与完成了第四章，王盛航、张鹏参与完成了第五、六章，第七章、第八章是针对有机产业链的两方参与者——生产者和消费者的实证研究，主要来自张连驰和高媛媛研究生毕业论文，徐心怡、赵建京参与完成了第九章。闻亦赟参与了本书稿资料的汇集、整理与统稿，宿文凡在后期书稿的数据更新与规范化整理方面作出了突出贡献。

总之，本书是著者和参与者们对于有机产业思考的结晶。在此，对本书的所有贡献者表示诚挚的谢意！由于著者的认知水平所限，加上有机食品产业蓬勃发展、日新月异，书中必然存在许多不足之处，恳请同行和读者批评指正。

感谢“十二五”国家科技支撑项目“区域特色有机产品认证关键技术研究与示范”（2014BAK19B00）和“安否”团队的资金支持！

生吉萍　武英

2021 年 11 月于北京

目　录

CONTENTS

第一章

绪　论

随着我国经济的快速发展，消费者的生活水平不断提高，消费者不仅关注食物供给是否充分，而关注更多的是食品的质量。食品安全则是保证食品质量的前提。习近平总书记高度重视食品安全问题，曾明确指出："能不能在食品安全上给老百姓一个满意的交代，是对我们执政能力的重大考验。我们党在中国执政，要是连个食品安全都做不好，还长期做不好的话，有人就会提出够不够格的问题。所以，食品安全问题必须引起高度关注，下最大力气抓好。"应当说，食品安全在国家治理和社会发展中具有战略性地位，而且也是近些年来党和国家工作的重要内容。

现代常规农业在提高劳动生产率和粮食产量的同时，由于大量使用化肥、农药等农用化学品，使自然生态系统遭到破坏，土地生产能力持续下降，环境和食品受到不同程度的污染，成为产生食品安全问题的源头之一。因此，为了保障人们的食品安全，有识之士对农业生产方式和农业生产技术体系进行反思，寻求环境友好、可持续的发展模式，在这样的背景下，有机农业应运而生，并得到广泛推广，有机食品成为消费者喜爱的安全食品。

第一节　基本概念与内涵

一、什么是有机农业

有机农业有很多定义，人们通常采用有机农业可以使用和不可以使用的物质的方法来定义有机农业，因此把有机农业简称为不使用农药化学物质的农业。该定义尽管简练明确，但忽视了有机农业的精华，会给初次接触有机农业概念的人们带来一些误解。

欧洲把有机农业描述为，一种通过使用有机肥料和适当的耕作措施，以达到提高土壤的长效肥力的系统。有机农业生产中仍然可以使用有限的矿物物质，但不允许使用化学肥料。通过自然的方法而不是通过化学物质控制杂草和病虫害。

美国农业部的官员在全面考察了有机农业之后，给有机农业下了一个比较确切的定义，即有机农业是一种完全不用或基本不用人工合成的肥料、农药、生长调节剂和畜禽饲料添加的生产体系。这一体系中，在最大可行范围内尽可能地采用作物轮作、作物秸秆、畜禽粪肥、豆科作物、绿肥、农场以外的有机废弃物和生物防治病虫害的方法来保持土壤生产力和耕性，供给作物营养并防止病虫害和杂草的一种农业。尽管定义还不够全面，但该定义描述了有机农业的主要特征，规定了有机农民不能做什么，应该怎么做。

国际有机农业运动联合会（IFOAM）给有机农业下定义为：有机农业包括所有能促进环境、社会和经济良性发展的农业生产系统。这一系统将土壤本身的肥力作为成功生产的关键。通过尊重植物、动物和景观的自然能力，达到使农业和环境各方面质量都最完善的目标。有机农业通过禁止使用化学合成的肥料、农药和药品而极大地减少外部物质投入，相反它利用强有力的自然规律来增加农业产量和作物抗病能力。有机农业坚持世界普遍可接受的原则，并据当地的社会经济、地理气候和文化背景具体实施。

因此，IFOAM 强调和支持发展当地的地区水平的自我支持系统。从这个定义可以看出有机农业的目的是达到环境、社会和经济三大效益的协调发展。有机农业非常注重当地土壤的质量，注重系统内营养物质的循环，注重农业生产要遵循自然规律，并强调因地制宜的原则。

根据最新的中华人民共和国国家标准《有机产品生产、加工、标识与管理体系要求》（GB/T 19630-2019），“有机生产”的定义为：遵循特定的农业生产原则，在生产中不采用基因工程获得的生物及其产物，不使用化学合成的农药、化肥、生长调节剂、饲料添加剂等物质，遵循自然规律和生态学原理，协调种植业和养殖业的平衡，保持生产体系持续稳定的一种农业生产方式。“有机加工”的定义为：主要使用有机配料，加工过程中不采用基因工程获得的生物及其产物，尽可能减少使用化学合成的添加剂、加工助剂、染料等投入品，最大程度地保持产品的营养成分和/或原有属性的一种加工方式。

综观以上几种对有机农业定义的描述，可以认为有机农业生产是一种强调以生物学和生态学为理论基础并拒绝使用化学品的农业生产模式。有机农业的特点可以归纳为两点：

（1）种养结合，循环再生；

（2）尊重系统内的各个组成部分，包括土壤、植物、动物和人类，将其视为相互关联的有机整体。

二、有机农业的基本特征

根据国家认证认可监督管理委员会（2019）的相关报告，有机农业主要有以下特征：

（1）遵循自然规律和生态学原理

有机农业生态系统中，为了充分发挥农业生态系统本身的自然调节机制，所采取的措施都要以实现系统内物质循环、最大限度地利用系统内含有的物质为目的。

（2）采取与自然相融合的耕作方式

有机耕作时，为了促进、激发、利用生态系统的自我调节，持续地生产出健康优质的食品，会用豆科植物的固氮能力来提供植物生产所需的养料，而代替化肥的使用。并且对于病虫害要采用轮作、土壤耕作、机械除草或者生物防治的方法来治理，而不是用农药。

（3）协调种植业和养殖业的平衡

养殖业所需的饲料量要有一定的数值，与作物的种植之间是一种互相协调且平衡的关系。也就是说，要根据土地的承载能力来确定养殖的牲畜量。

（4）禁止使用通过基因工程获得的生物及其产物

基因工程是指人工的将一种物种的基因转入到另一种物种的基因中，这个过程不是自然发生的，而是通过人为方式操作的，所以违背了遵循农业生产自然进行的原则，并且由于基因工程的技术存在着一定程度上的不可预见的风险，对人体健康、其他生物、生态环境等的影响都没有科学的结论（已经允许上市的转基因产品是经过严格安全性评价的）。为了防止问题的出现，有机农业在生产过程中禁止使用基因工程及其相关技术，保证产品的安全性。

（5）禁止用人工合成的化学用药、化肥、生长调节剂和饲料添加剂等物质

有机农业是在遵循可持续发展、保证土地长期生产力的基础上进行的农业活动。有机产业的过程强调土壤、植物、动物、人类是相互关联的整体，在农业生产时要采用农业土地和生态环境可以承受的方法进行耕作，不要添加或使用额外的物质造成污染，按照自然规律进行农业生产。

三、什么是有机食品

根据国际有机农业运动联合会（IFORM）的基本观点和标准，有机食品需要符合以下三条：

（1）原料必须来自有机农业的产品；

（2）按照有机农业生产和有机食品加工标准而生产加工；

（3）加工的产品必须是经过授权的颁证组织进行质量检查，符合有机食品生产、加工标准而颁给证书的食品。

所以，“有机食品”可以定义为：来自有机农业生产体系，根据有机生产要求和相应的标准生产加工的，并经独立的有机食品认证机构审查，达到有机食品生产要求的一切农副产品。

“有机食品”不同语言有不同的叫法，见图 1-1。

- - 西班牙语: ecológico
- - 丹麦语: økologisk
- - 德语: ökologisch
- - 希腊语: âéïëïãéêü
- - 英语: organic
- - 法语: biologique
- - 意大利语: biologico
- - 荷兰语: biologisch
- - 葡萄牙语: biológico
- - 芬兰语: luonnonmukainen
- - 瑞典语: ekologisk
- - 汉语: 有机
- - 日语:有機
- - 韩语:유기농 식품

图 1-1 不同语言对于“有机食品”中“有机”的表达

第二节 有机农业的发展历史

有机农业起始于 20 世纪初，具有多种流派，但其哲学原理与思想都是相同或者相近的。我们现在所指的有机农业，在国外还有许多名称，如生态农业、生物农业、生物动力农业、自然农业等，它们的发展历程相似，在 20 世纪 70 年代以后都得到迅速的推广，并随着有机食品认证和贸易的发展而不断扩大。

一、世界有机农业的发展史

（一）萌芽阶段（1900 年—1970 年）

就整个世界有机农业的历史来看，最早有机农业的历史可以追溯到 1909 年。那年，美国农业部土地管理局局长 King 途经日本到中国，他考察了中国农业数千年兴盛不衰的经验，并于1911年写成《四千年的农民》一书。书中指出中国传统农业长盛不衰的秘密在于中国农民勤劳、智慧、节俭，善于利用时间和空间，提高土地利用率，并以人畜粪便和一切废弃物、塘泥等还田培养地力。该书对英国植物病理学家Hwoard的影响很大，他在King的基础上进一步深入总结和研究中国传统农业的经验，于20世纪30年代初倡导了有机农业，并由贝弗尔夫人和英国土壤学会首先实验和推广（王在德，1987）。

1924年，德国的鲁道夫·施泰纳（Rudolf Steiner）开设了一门名叫“农业发展的社会科学基础”课程（Herrmann G，1991）。该课程的理论核心是：人类作为宇宙平衡的一部分，为了生存必须与环境协调一致；使用生物动力制剂；重视宇宙周期。德国的普法伊费尔（H. Pfeiffer）将这些原理在农业上进行运用，从而产生了生物动力农业（biodynamic agriculture）。生物动力农业与有机农业有许多原理和方法是相同的，两者都是生态定向的，生态意识是共同点。生物动力农业的特殊之处在于其思想来源于人文精神学，可以说这是一种全方位的思想体系。混合于肥堆中或喷洒到土壤中的生物动力制剂是其最具特色的特点，由多种草药制成，认为它可以提高粪肥对土壤生命和作物生长的效果，可刺激植物吸收太阳光。生物动力农业主要分布在德、法等欧洲国家，在德国有著名的生物动力农业协会——Demeter，现在是德国的第二大有机农民协会，其产品在市场上的信誉度最高，价格最高（柴嘉琦、傅元辉，2016）。至20世纪20年代末，生物动力农业在一些国家得到了发展，有机农业处于萌芽状态。

瑞士人Mueller博士和Rush医生于1940年提出生物农业（吴志冲，2001）。生物农业是根据生物学原理建立起来的一种保持和改进土地生产力的农业生产方式，认为农业是一个系统，这个系统应力图提供一个平衡的环境，从而维持土壤肥力和控制病虫害，同时以适当的能量和资源投入来维持最合适的生产力和保持良好的环境。生物农业是分布于德国、英国、奥地利等国家的一个流派。为有机生物农业奠定了理论基础，使有机生物农业在德语国家和地区得到了发展。

1935年，英国的霍华德爵士出版了《农业圣典》一书，总结了他在印度长达25年的研究结果，奠定了堆肥的科学基础，被认为是现代有机农业的奠基人。英国的伊夫·鲍尔费夫人第一个开展了常规农业与自然农业方法比较的长期试验。在她的推动下，1946 年，英国成立了“土壤协会”，根据霍华德的理论，提倡保持土壤肥力，维持生物平衡（Gliessmann S R，1990）。

同在 1935 年，日本“世界救世教”教主冈田茂吉提出自然农法，又叫自然农业，这是以尊重自然、顺应自然为宗旨首创的。自然农法主张自然就是资本，强调人类应更多地与自然合作而不是对抗。自然农法在指导思想上以有利于保护自然环境和生态平衡，不污染空气、水、土壤和农产品为原则。反映在具体做法上，主要包括：绝对禁止施用化肥、农药等化学物质；用经过腐熟、净化的秸秆、人畜粪尿、绿肥等有机肥培肥土壤；利用天敌、天然物质和物理、机械等方法防治病虫害；采用轮作、作物覆盖和以草压草等措施防除杂草；尽量少耕作或不耕作等（来米速水，1990）。到 1958 年，日本自然农业户已发展到 15000 多个，自然农业国际开发中心也在建立，目的是使自然农业走向全世界。从 1989 年起，先后在泰国、美国、丹麦、法国、韩国等召开国际研讨会。参加的国家也由 10 多个增加到 30 多个。

自然农法本身也在不断发展和丰富，明确提出了要实现的五个目标：

（1）生产出高质量的无污染食品以增强人类的健康；

（2）在经济上和精神上对生产者和消费者双方都有利；

（3）必须是持续发展的，而且其操作技术是容易掌握的；

（4）必须不破坏自然和保护环境；

（5）生产出足够的粮食来满足世界上不断增长的人口需要。

随着人们对环境和健康问题的重视，各个国家更加认识到了农业生产的重要性，自然农业思想的形成、发展和不断完善的过程，反映出人类对石化农业的忧虑和恢复自然、保护环境的愿望。人们不断探索新型农业生产模式的效果，促进了有机农业的快速出现和发展。

（二）发展阶段（1970 年—1990 年）

20 世纪 70 年代初，世界范围内，有机农业的理论研究和相应的实践得到了进一步的发展，但是由于“石油农业”也在这个时期快速发展，导致了自然资源，特别是不可再生资源的浪费，以及大量使用现代技术进行自然资源的过度使用，造成了环境和生态的严重破坏，也对人类的生存造成了不可逆转的影响。这个时候就促使人们对现代农业的方式进行了反思，进而探索新的出路。所以一些新型农业概念应运而生，包括生态农业、生物动力农业、有机生物农业等得到了扩展，研究更加深入，实践活动也更加活跃（Soil Association，2001）。

1970年，美国的威廉姆提出了生态农业（Ecological agriculture）的概念，从此有机农业的生产系统引入了生态学的基本原理。该流派主张完全不用或基本不用化肥、农药，代之以秸秆、人粪尿、绿肥等有机肥和利用天然物质、农业物理措施等防除病虫杂草，提倡尽量利用各种可再生资源和人力、畜力进行农事操作，强调保护野生动植物资源和采用轮作、间套种来提高土壤肥力（张壬午，1987）。生态农业主要在美、英、德、日等国家应用。英国“土壤协会”率先创立了有机产品的标识、认证和质量控制体系（Organic agriculture worldwide，2001）。

生态农业、有机农业、生物农业尽管叫法各异，技术途径和侧重点有所不同，但其基本原理和实质内容是一致的，他们都注重“与自然秩序相和谐”和“天人合一，物土不二”的哲学理念，强调适应自然而不干预自然；在手段上主要依靠自然的土壤，认为土壤是有生命的，肥料的作用是首先喂土壤再转给作物，应该少动土（少耕或免耕），主张依赖自然的生物循环，如豆科作物，有机肥，生物治虫，自然放牧等；在目标上是追求生态的协调性，资源利用上的有效性，营养上充分性的一种农业方法。

1972年，国际上最大的有机农业民间机构——国际有机农业联合会（IFOAM）成立，该组织在以后有机产业领域发挥了很重要的作用。在此期间还成立了一些研究机构和有机农业协会，如瑞士的有机农业研究院、法国的国家农业生物技术联合会等，在有机农业研究和普及上都起到了积极的作用。目前IFOAM已有来自100多个的700多个会员组织，我国也从1988年的1个IFOAM会员发展到现在的19个会员，并有10多个专营有机食品的公司有了概念的提出和实践活动的进行。

与此同时，相应的立法工作也随之逐步开展。美国首先制定了有机农业法规，且美国农业部在1980年对23个州的69个有机农场进行了大规模的调查，分析了美国有机农业的现状、问题、发展潜力和研究方向，提出了有机农业的行动建议和生产标准，对促进美国有机农业的立法和发展具有里程碑的意义。法国紧随其后，在1985年制定了有机农业法规（戴蓬军，1999）。

（三）增长阶段（1990年—2000年）

20世纪90年代后，有机农业已经成为一种全球性的运动，进入了快速发展期，标志就是成立专门的有机产品贸易结构，颁布相关的有机农业法律，政府和一些民间机构都为有机农业的发展做出努力。在这期间，世界上很多的国家都产生了有机食品生产组织、加工企业以及研究、培训、认证机构，有机农业生产运动日益壮大，其他的一些国家也开始重视。从分布的区域来看，起步较早的是欧洲、北美、日本等一些发达国家所在地区，它们的发展也比较快；而起步较晚的是东南亚地区，但是随着重视程度的提高，发展也比较迅速。

1990年美国联邦政府颁布了“有机食品生产条例”。1991年，欧盟委员会通过了有机农业法案，并且在1993年成为欧盟法律，统一实施。北美、日本、澳大利亚等有机产品的主要生产国也相继制定、颁布、实施了有机农业法规。1999年，国际有机农业运动联盟（IFOAM）与联合国粮农组织（FAO）共同制定了“有机农业产品生产、加工、标识和销售准则”，对促进有机农业的国际标准化生产有着十分积极的意义（王立民，2011）。

（四）全面发展阶段（2000年—现在）

进入21世纪以后，由于受到发展潜力、生产成本、发展基础等方面的限制，发达国家的有机农业虽然继续在发展，但是趋势已经呈现逐渐平稳的状态，而其对有机产品，特别是有机食品的需求仍然在增加。所以这也导致了发达国家对发展中国家的有机产品需求增加，从而推动了发展中国家的有机产业快速发展。在这种形势下，一些发展中国家对有机产品支持的群体日益活跃，促进了国内的有机产品市场，特别是有机食品市场的发展。

2005年，中国的IFOAM会员数名列全球第3，仅次于德国和意大利，这也侧面反映了作为发展中国家的代表——中国在有机产业方面的重视程度和发展趋势。尽管在此期间，一些发展中国家认识到了有机产业的重要性，也已经开始发展有机产业，推动了全球有机产业的全面展开，但是发展中国家与发达国家相比，所占的市场份额还是相当低的，对全球有机产品的市场影响力也比较弱，并且由于发达国家和发展中国家在有机认证、市场准入等方面还需要一个协调一致的过程，而发展中国家在开拓本国和国外有机产品市场时也需要一个逐步规范和与国际接轨的过程，所以全面发展阶段还需要较长的一段时间（杜相革，王慧敏，2001）。

（五）有机农业的 3.0 时代

IFOAM 根据有机农业发展时间顺序，将有机农业的发展阶段分别定义为有机 1.0、有机 2.0 和有机 3.0 时代。有机农业的内涵，随着发展阶段的不同逐渐丰富、完善、提升。

有机 1.0 时代，是指 1900 年至 1970 年前后的探索和萌芽期，属于有机农业的认知阶段。此时有机农业还仅是一个以环境保护和可持续发展理念为核心的小众思潮，其受众也主要集中在热衷于环保理念的精英阶层。

有机 2.0 时代，是指 1970 年以后，随着有机理念的逐渐普及，有机产品认证制度日益完善，有机产品生产、加工、贸易链条日趋稳定，有机农业生产方式的可行性及其对自然资源和人类社会带来的巨大益处得以证实，以认证活动为核心的有机农业蓬勃发展。在这一阶段，有机农业的内涵得到进一步发展，在原思想基础上引入了社会公平、人文关怀、食品安全等理念。

有机 3.0 时代，是 2014 年 2 月 IFOAM 在德国纽伦堡有机食品博览会上首次正式提出的概念。在 2014 年 10 月在土耳其有机世界大会（Organic World Congress）上，发布了“国际有机农业运动联盟第 18 次有机世界大会有机 3.0 宣言”，标志着有机 3.0 时代的正式到来。在有机 3.0 时代，有机农业的重心更多地从“健康”转移到“生态公平、关爱”上来，有机农业的内涵更加丰富。

二、中国有机农业的发展历史

（一）探索阶段（1990 年—1994 年）

在这一时期，国外的认证机构开始进入中国，推动了中国有机产品，尤其是有机食品的认证和贸易。1989 年，我国最早从事生态农业研究、实践和推广工作的国家环境保护局南京环境科学研究所农村生态研究室加入了国际有机农业运动联盟，成为中国第一个 IFOAM 成员。随着我国有机产业的快速发展，我国的 IFOAM 成员已经增长到 30 多个。1990 年，浙江省茶叶进出口公司和荷兰阿姆斯特丹茶叶贸易公司进行有机认证申请（马世铭，Sauerborn，J.，2004），荷兰有机认证机构 SKAL 对位于浙江省和安徽省的两个茶园和两个茶叶加工厂进行了全程有机认证，最终浙江省临安县（今临安市）的裴后茶园和临安茶厂通过了荷兰 SKAL 的有机认证，并获得了证书。这是中国大陆的加工厂和原料供应地第一次获得有机认证，极大地促进了我国有机农业、有机产业的发展，扩大了有机产品的市场，相关的理论研究和一系列的实践活动、基地如火如荼地开展。

（二）起步阶段（1995 年—2002 年）

在这一时期，中国相继成立了自己的认证机构，并且由于国内有机农业的扩大，相应的有机认证工作也在开展，同时根据 IFOAM 的基本标准制定了适合中国国内有机认证现状的部门或机构的推荐性行业标准。

1994 年，经国家环保局批准，国家环境保护局南京环境科学研究所的农村生态研究室重新改组成为“国家环境保护总局有机食品发展中心”（Organic Food Development Center of SEPA，简称 OFDC），2003 年又改名为“南京国环有机产品认证中心”。从 1995 年我国开展有机认证工作以来，OFDC 认证并通过的有机原料生产地和加工厂已经超过了 300 家（李晓旭等，2006）。

OFDC 根据国际有机农业运动联盟组织的有机生产加工的基本标准，参考并借鉴欧盟委员会以及其他的一些国家如德国、英国等的有机农业协会或组织制定的有机农业生产规定和相关标准，并结合我国国内有机农业发展的具体阶段和状态以及农业生产与食品方面的规定和标准，在 1999 年的时候，制定了适合我国有机产业发展特点的《有机产品认证标准（试行）》，并且在 2001 年 5 月时，经国家环境保护总局发布，成为有机产业的行业标准。

1999 年 3 月，中国农业科学院茶叶研究所成立了有机茶研究与发展中心（OTRDC），专门负责有机茶园、有机茶叶加工以及有机茶相关流程的检查和认证，该中心在 2003 年时改名为“杭州中农质量认证中心”，并且在国家认证认可监督管理委员会进行了登记。该中心已经对超过 200 家的茶园或茶叶加工厂进行了认证。

2002 年 10 月，农业部着手组建了“中绿华夏有机食品认证中心”（COFCC），成为第一家在国家认证认可监督管理委员会登记的有机食品认证机构。由于发达国家一些有机产品相关标准的实施，我国也迫切地希望有适合我国国情的相关标准的制定和颁布。COFCC 根据 IFOAM 以及其他一些发达国家的有机产业方面的标准制定了符合我国特点的《有机食品生产技术准则》，并和日本的 JONA、欧洲的 SGS 签署了全面合作的协议（丁长琴，2012），已经有 120 多家企业通过了 COFCC 的认证。

（三）快速规范发展阶段（2003 年—2016 年）

2002 年 11 月 1 日，以《中华人民共和国认证认可条例》的正式颁布和实施为起点，有机食品的认证工作由国务院授权的国家认证认可监督管理委员会进行统一管理，标志着有机产业进入规范化阶段。

2003 年，国家认监委组织有关部门进行“有机产品国家标准的制定”以及“有机产品认证管理办法”的起草工作，并在 2005 年 4 月 1 日实施。该国家标准 2005 版的已废除，被 2011 版更新。最新的有机产品国家标准包括四个部分：生产、加工、标识与销售、管理体系。将管理体系单列为国家标准的一部分，这在国际标准体系中都是第一次，这侧面反映了有机产品认证的过程中管理体系独一无二的重要性。国家标准的发布、实施随时代进步而更新，都是我国有机产品事业中的里程碑事件，也标志着我国的有机产业规范化迈上了新的台阶。图 1-2 展示了我国有机产品认证证书的发展趋势，这也从另一个方面反映了我国有机产业的成长。

（四）高质量发展阶段（2017 年—现在）

随着有机农业和全球有机市场的发展，有机产品从农业生产系统扩展到从种植、养殖、加工、运输、贸易到餐桌整个食品供应链。2017 年，中央一号文件明确提出支持绿色有机农业的发展，大力发展有机农业、生态农业、特种经济林、林下经济、森林旅游小镇等产业。一号文件中，五次重点强调“有机农业”，这意味着有机农业不仅是消费趋势，也是国家重点支持发展的目标。有机农业逐渐进入以生态优先、绿色发展为导向的高质量发展新阶段，成为引领农业产业转型升级的重要环节。

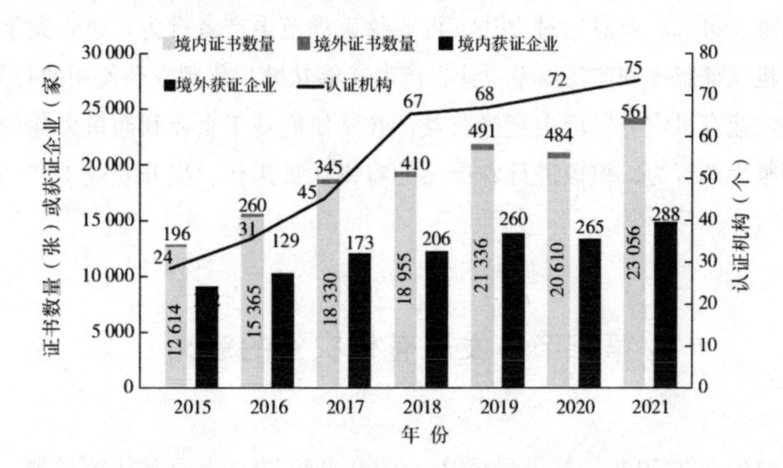

图 1-2　中国有机食品标准认证机构、有机证书及获证企业总体发展趋势

资料来源：《中国有机产品认证与有机产业发展（2022）》。

据 2015—2022 年《中国有机产品认证与有机产业发展》报告，2017 年以后我国有机食品销售额相对稳定，基本保持在 600 亿元以上。根据 2020 年全球有机农业报告可知，在 2018 年世界有机食品市场销售额最高的 10 个国家中，中国排名第 4，占全球市场的 8%，仅次于美国、德国和法国。2020 年我国国内生产的有机产品估算的销售额为 701 亿元，较 2019 年增加了 23 亿元。FiBL-IFOAM（2020）显示，2018 年，我国有机农业种植面积位居全球第 3，在全球有机农业总种植面积中的占比为 4.5%，在亚洲的占比为 50%。截至 2018 年，全国使用有机标志产品的总销售量为 69.9 万吨，销售额达 631.5 亿元，其中植物类产品销售额为 24.3 亿元，仅占总销售额的 3.8%。这说明我国的有机农业已经朝着多元化的方向发展，发展质量较以往明显增加。

为实现有机农业的高质量发展，政府借助宏观调控这只“看得见的手”，通过政策引导、金融税收扶持等方面鼓励生产者发展绿色生态有机农业。第一，政府通过政策引导市场资金进入农业生产领域，参与农村生产建设项目、公共服务项目，改变农业单户分离式、小农式生产格局，提升农业、农村、农民“三农”发展水平。金融助农等农村绿色金融政策的运用也有助于扩大农业生产规模、提升农业生产效率，降低农业生产融资的门槛，提升农业贷款的可得性，引导社会资金投入农业生产，为我国农业高质量发展提供资金政策保障。第二，政府通过立法、行业约束规范生产者行为，建立完整的农业品有机认证制度和监督体系，让生产者能够从减少化肥农药使用的行为中、从生态农业有机农业生产中直接获益，鼓励他们基于企业利润最大化的生产目标调整生产行为，积极进行农产品的有机认证工作，提升农业生产的规范标准。

第三节　发展有机农业的意义

有机农业在20世纪初得到提倡，在20世纪70年代开始迅速发展，其主要原因就是以开发廉价化石能源及工业技术装备为特征的集约化农业（或称石油农业、常规农业）在提高劳动生产率和农畜产品产量大幅度增产的同时，带来了自然资源衰竭、环境污染和能源损耗的严重问题，致使农业生态系统自我维持能力降低，引起了生态危机。具体表现在：

（1）现代农业生产带来了严重的环境污染问题。大量的化肥使用是江河湖泊富营养化的主要因素，也是地下水硝酸盐含量增加的原因。农药、除草剂的使用致使各种野生生物大量减少，破坏了生态平衡。

（2）破坏土壤结构，土壤有机质含量减少，水土流失严重，土壤板结，生产力下降。

（3）消耗大量的不可再生能源，是高耗能系统。

（4）过分集约的畜禽养殖，使动物失去了作为生命的快乐和意义，这在动物福利上是不可接受的。

（5）食品质量下降。作物生长快、产量高，但品质下降，而且较高的农药残留、高硝酸盐含量是对人类健康的最直接威胁。

（6）社会和农民的经济负担增加，往往增产不增收。

（7）农民的生产环境恶化，随时都有受到化学品毒害的风险。

常规农业存在的这些问题，就是对为什么要发展有机农业的回答。概括地讲，发展有机农业有以下五点意义：

（1）发展有机农业将有助于解决现代农业存在的环境问题。有机农业不使用合成的农药和肥料，即可以减少农药化肥对环境的污染，也可以节省许多用来生产化肥和农药的能源，可以提高农业资源的利用率，减少浪费资源，有助于保护自然资源。有机农业提倡物种多样性、利用生物方法培肥土壤、少耕、免耕、作物覆盖等耕作措施，使土壤活化，有利于防止水土流失和土壤沙化，有利于农业的持续发展。

（2）提高农民的收入。有机农业有助于提高农民的收入和发展农村经济，农民可以从生产成本降低和较高的有机农产品的价格中得到实惠。

（3）有助于提高劳动就业率，帮助小规模的农户持续发展。有机农业是一种劳动集约和技术集约的农业，需要的劳动力比较多，农民可以利用较多的时间从事有机农业生产，解决农民就业难的问题，这在西方发达国家表现得尤为突出。

（4）可向社会提供好口味、富营养、高质量的安全食品，满足人们的需要。

（5）提高产品的市场竞争能力，提高农业生产的持续性。这是我国加入WTO后促进出口创汇、参与国际竞争的重要手段。

综上所述，有机农业从其哲学思想、定义、原理及发展目标上无不体现出对自然环境的尊重和保护。采用和推广有机农业生产方法，可以恢复和提高被现代农业破坏的农业生态系统，使农业生产系统成为充满生命活力的、健康的、平衡的生产体系，同时为人类提供优质、安全、健康的有机食品。事实证明，发展有机农业是保护生态环境、实现农业可持续发展的重要途径。

主要参考文献：

[1] 柴嘉琦，傅元辉. 生物动力农业基础［M］. 中国林业出版社，2016.

[2] 戴蓬军. 法国的农产品质量识别标志制度［J］. 世界农业，1999（07）.

[3] 丁长琴. 中国有机农业发展保障体系研究［D］. 中国科学技术大学，2012.

[4] 国家市场监督管理总局，中国农业大学，编著. 中国有机产品认证与有机产业发展（2021）[M]. 北京：中国农业科学技术出版社，2021.

[6] 来米速水. 世界自然农法 [M]. 中国环境科学出版社，1990.

[7] 李晓旭，赵语丝，崔晶. 世界有机农业发展及对中国的启示 [J]. 世界农业，2006，08：39—42.

[8] 马世铭，J. Sauerborn. 世界有机农业发展的历史回顾与发展动态 [J]. 中国农业科学，2004，10：1510—1516.

[9] 瑞士有机农业研究所（FiBL），IFOAM 国际有机联盟. 2021 年世界有机农业概况与趋势预测 [M]. 北京：中国农业科学技术出版社，2021.

[10] 王在德. 国际有机农业发展过程 [J]. 世界农业，1987，(10)：28—29.

[11] 吴志冲. 经济全球化中的有机农业与经济发达地区农业生产方式的选择 [J]. 中国农村经济，2001（4）：22—25.

[12] 王立民. 世界有机农业的发展现状及趋势 [J]. 养殖技术顾问，2011，05：255.

[13] 张壬午. 美国生态农业的实践与研究概况 [J]. 农业现代化研究，1987，8（4）：59—62.

[14] Gliessmann S R. Agroecology：Researching the ecological basis for sustainable agriculture. 1990：3—10.

[15] 张曦. 双循环格局下河南省农业高质量发展的路径探析 [J]. 农业经济，2021（10）：16—18.

第二章

有机产业发展现状与问题

有机农业从20世纪诞生到21世纪的今天，经过一个多世纪的发展，已经产生质的飞跃，不管是在全球还是在中国，目前正在进行着日新月异的变化。

第一节　全球有机产业的发展

近年来随着经济全球化一体化的加速发展，全球范围内环境保护和可持续发展意识不断绝醒，消费者市场对有机产品的需求日益剧增。在发达国家有机产业先进技术和规范市场的引领下，发展中国家在资金及政策上都对有机产业给予大力支持，推动了有机产业在全球范围内的持续发展。在经济持续低迷的形势下，国际有机产业逆势上扬，呈现一枝独秀的态势充分展示了有机产业的良好前景。

一、国际有机产业生产规模

根据有瑞士有机农业研究所（FiBL）对全球范围内有机产业发展的调查（截止到2019年年底，获得了187个国家和地区有机农业数据），2019年，全球以有机方式管理的农地面积为7230万公顷（包括处于转换期的土地）。有机农地面积最大的2个洲分别是大洋洲（3590万公顷，约占世界有机农地面积的一半）和欧洲（1650万公顷，23%），接下来是拉丁美洲（830万公顷，

11%）、亚洲（590 万公顷，8%）、北美洲（360 万公顷，5%）和非洲（200 万公顷，3%）。有机农地面积最大的 3 个国家分别是澳大利亚（3570 万公顷）、阿根廷（370 万公顷）和美国（240 万公顷）。

表 2-1 2019 年有机农地面积（包括转换期农地）概况

指标	世界
具有有机认证数据的国家	2019 年：187 个国家
有机农地	2019 年：7230 万公顷（1999 年：1100 万公顷）
占所有农地份额	2019 年：1.5%
野生采集和非农业用地有机面积	2019 年：3510 万公顷（1999 年：410 万公顷）
有机生产者	2019 年：310 万人（1999 年：20 万人）
有机市场规模	2019 年：1064 亿欧元（2000 年：151 亿欧元）
人均消费	2019 年：14 欧元
拥有有机法规的国家数量	2019 年：108 个国家
IFOAM 国际有机联盟会员机构数量	2020 年：719 个会员机构

数据来源：2021FiBL 调查。

全球有机农业生产面积逐渐增加，世界有机农地面积占农地总面积的 1.5%。从地域上看，有机农地比例最高的是大洋洲（9.6%），其次是欧洲（3.3%），以及拉丁美洲（1.2%）。欧洲拥有 8.1%的有机农业用地面积。而在其他区域，有机农地比例不足1%。

与 1999 年只有 1100 万公顷的有机农地相比，目前全球有机农地的面积已经增长了超过 6 倍。2019 年有机农地面积增加了 110 万公顷，增长了 1.6%。许多国家的有机农地面积出现了明显增长。2019 年，非洲、欧洲、拉丁美洲和北美洲的有机农业用地都有所增加，然而亚洲（降幅 7.1%，减少 45 万公顷，主要原因是中国有机农业用地的减少）和大洋洲（降幅 0.3%，减少 12 万公顷）有机农地面积减少了。有机农地面积绝对增长量最高的地区是欧洲（增幅 5.9%，增加 90 万公顷），其次是北美洲（增幅 9.1%，增加 30 万公顷）和拉丁美洲（增幅 5.3%，增加 28 万公顷）。

除了有机农地以外，还有其他形式的有机认证土地，大部分区域为野生采集和养蜂业用地，其他形式还有水产养殖、森林和天然牧场。这些用地的总面积为3500万公顷。总体而言，全球有机认证的总面积约有1.074公顷。

2019年，全世界有超过310万名有机生产者。根据FiBL的数据，超过91%的生产者在亚洲、非洲和欧洲。根据其他类型经营者的有关数据，全球有超过10.5万名加工者和大约7300个进口商，其中大多数在欧洲。其他类型经营者包括养蜂人、出口商、进口商、小农户和水产养殖企业，以及采集者。

二、全球有机产业市场规模

2015年，全球最大的有机产品市场依然是美国、德国和法国，销售额依次为358亿欧元、86亿欧元和55亿欧元。中国位于第4位，销售额为47亿欧元。最大的单一市场依然是美国，销售额约占全球总额的47%，其次是欧盟（271亿欧元，占比35%）和中国（47亿欧元，占比6%）。全球有机食品人均消费水平平均高达170欧元以上的国家有瑞士（262欧元）、丹麦（191欧元）、瑞典（177欧元）和卢森堡（170欧元）。有机食品市场份额最高的国家为丹麦（8.4%）、瑞士（7.7%）和卢森堡（7.5%）。

根据国际公平贸易组织的数据，2015年全球公平贸易产品销售额达到了73亿欧元。约90%的有机产品和公平贸易产品销售额都集中在欧洲和北美。对于有机产品来说，最大的市场是美国，全球市场份额超过50%。对于公平贸易产品来说，欧洲贡献了80%的零售额。

根据FiBL的调查数据，2019年全球有机食品（含饮料）销售总额达到了1060亿欧元。亚洲、拉丁美洲和非洲的有机产品主要用于出口。有机食品市场最大的国家是美国（447亿欧元），其次是德国（120亿欧元）、法国（113亿欧元）和中国（85亿欧元）。最大的单一市场是美国，其次是欧盟（414亿欧元）和中国。按区域划分，北美洲（482亿欧元）领先，其次是欧洲（450亿欧元）和亚洲。可以看出，有机农业市场销售额可观，有很大的利润市场。然而，有机市场的发展还有一些挑战存在：市场需求集中在欧洲和北美洲，在大多数国家，只有少部分消费者偏好购买有机食品，消费基础较小；在不同国家根据消费者偏好进行市场营销有很大挑战，供应也是让人比较关心的问题。预计在未来几年，有机产品市场有着较强的发展前景。

三、全球有机农业发展趋势

伴随着国际有机产业的发展和影响力的提高，有机产品的销售渠道日趋丰富，产品类别也从食品扩展到与日常生活相关的其他方面。为了更好地落实有机农业“健康、生态、公平、关爱”的原则，在相关组织的推动下，一些与有机和可持续发展相关的新的标准也在出台面世。

（一）有机食品逐步走向大众市场

从 2014 年开始，有机食品北美市场销售渠道逐渐从天然食品专卖店向各类大众商场转移，已有一半以上有机食品是从大众商场如超市、俱乐部、折扣商场销售出去的，全食仍是美国最大的天然有机产品专卖超市，美国的“噢，有机”连锁超市的销售模式是最成功的销售模式。另外，沃尔玛与塔吉特两大零售巨头对有机食品及饮料的销售也带来巨大的推动作用。受到连锁零售巨头竞争的冲击，美国最大的天然食品超市全食计划在北美开拓一系列的低价天然食品连锁超市，为消费者提供性价比更高的天然食品。零售业巨头凭借其销售网点的普遍性以及供应商组织的优势，推动了有机食品价格向亲民的水平发展，也推动了有机食品销售份额的进一步扩大。而 2015 年，美国有机快餐店有机暴动（The Organic Coup）在旧金山东湾普莱森顿市的开业，提供了进一步拓展有机食品销售渠道的新思路。

另外，从发展中国家有机食品的销售情况来看，虽然目前有机产品主要用于向发达国家出口，但是其各自国内零售比例也在逐渐增加。发展中国家的有机食品市场需求正在逐步扩大，有机食品正在逐步走进普通大众消费市场。

（二）可持续性及行业单一产品认证体系的兴起

目前，经过多年反复的更新和实践，世界上很多地区有机产品标准及认证体系基本都已经趋近完善。在 IFOAM 提倡的有机“健康、生态、公平、关爱”四大原则的基础上，有机标准的内容及认证方式也大同小异。从全球开展有机生产及认证覆盖范围来看，可供人类消费级动物食用的有机产品均已覆盖超过75%的国家和地区。一些行业领先的生产者及行业协会在有机认证的基础上，开始探索和寻找新的标准及认证体系来进一步提高产品的社会价值、人文关怀及环境保护等综合效益，参与式保障体系（Participatory Cuarantee Systems，PGS）就是IFOAM提出的一个基于信任、社会网络及知识交流多方参与的、保障多方利益的认证体系。参与式保障体系是根据当地质量保障体系，基于当地利益相关者的积极参与，建立在信任、社会网络和知识共享的基础上的对生产农户进行的评估。作为一种特别适用于小农户和当地市场的低成本替代性认证方式，PGS在全球各大洲日益受到人们的欢迎。

另外，单一产品的一些行业协会标准，如咖啡行业通用准则（Common Code for the Coffee Community，4C）等近来也越来越被市场认可和广泛接受。4C协会是咖啡产业链中各利益相关者的全球性组织，其宗旨是通过降低成本、提高质量、提供市场情况，并确保环境的可持续性发展来提高生产者的收入和生活条件；其包含了社会、环境及经济三方面的原则：要求咖啡从业者保护生物多样性，保护各类国家级濒危动植物，正确使用和处理杀虫剂及其他化学药品，保护自然环境和人类健康，关注土壤保护、水资源保护、废水和垃圾安全处理，优先使用可再生能源等。同时，越来越多的欧美认证机构推出了公平贸易标准和企业社会责任标准，如KRAV、BSCI、UTZ等，而提供公平贸易标准认证证书，也逐渐成为欧美尤其是欧盟进口商采购有机产品时的新要求。

（三）有机3.0时代的开启

农业是解决饥饿、不公平、能源消耗、污染、气候改变、生物多样性破坏及自然资源消耗等全球性问题的关键影响因素，真正可持续的有机农业生产体系所带来的积极和良好的生态环境、社会及经济效益可以帮助我们保护生存环境。2014年2月，在德国纽伦堡的国际有机食品展上，IFOAM有机国际首次提出“有机3.0”概念；2015年9月18日—11月11日，在韩国槐山世界有机农业产业博览会上，有机农业可持续发展行动网络（SOAAN）首次公布“有机3.0”时代的内容和含义，标志着全球有机产业正式进入3.0时代。有机3.0时代的主旨是获得世界主流的认同、真正可持续发展及包容；在有机3.0时代，消费者、监督者将会更多地参与到有机生产当中，而生产、流通、价格将会更加透明与公平，有机农业将朝向真正的天时、地利、人和发展，为解决一系列全球性问题带来积极的解决方案。

第二节　中国有机产业的发展

中国有机产业经过多年的发展，已成为一个新的消费增长点和新兴产业，得到了社会和消费者一定程度的认可，虽然还存在着这样或那样的问题，但目前整个产业的发展日趋成熟。

一、中国有机产业生产规模

2004年以来，国家认监委与中国农业大学等单位合作，每年编写、出版有机产业发展年度报告，本节所用数据信息来自2021年度有机产业发展报告。

根据FiBL-IFOAM（2020），2018年我国有机农业种植面积位居全球第3，在全球有机农业总种植面积中的占比为4.5%，在亚洲的占比为50%。2019年有机作物种植面积骤降，可能受到新冠肺炎疫情影响，但随后进行了缓慢回升。2020年有机加工产品总产量479万吨，与2019年相比，有机加工产品总产量下降70.89万吨，同比下降12.87%。其中，粮食加工品的产量最高，达152万吨，占有机加工产品产量的31.68%；其次为有机乳制品，达81.3万吨（16.94%）。2020年除糖果制品外，其余29类加工产品均有生产与认证。2020年有机加工产品证书发放数为5815张，其中有机证书发证总数下降280张，同比下降5.23%。其中，粮食加工品获证最多，占有机加工产品总发证量的43.45%；其次为茶叶及相关制品，为1432张（占28.19%）。

2018—2020年的数据显示，我国有机食品以植物类产品为主，动物性产品相当缺乏，野生采集产品增长较快。植物类产品中，茶叶、豆类和粮食作物比重很大；有机茶、有机大豆和有机大米等已经成为中国有机产品的主要出口品种；而作为日常消费量很大的果蔬类有机产品的发展则跟不上国内外的需求。在生产面积方面，2020年，我国谷类的生产面积最大，为115.4万公顷，占比47.5%；排在第2位的是豆类、油料和薯类，为56.9万公顷，占比23.4%；坚果、含油果、香料（调香的植物）和饮料作物排在第3位，为20.3万公顷，占比8.4%。这三类有机作物的生产面积占到总面积的79.3%。从转换生产面积来看，总体上转换生产面积比例为25.4%。转换期面积占比最大的是香辛料作物，转换占比为69.2%；随后是坚果、含油果、香料（调香的植物）和饮料作物，转换占比为40.4%。在产量方面，2020年我国产量最大的是有机谷物，为961.1万吨，占有机作物产量的64.0%；水果的产量排在第2位，为159.5万吨，占有机总产量的10.6%；排在第3位的是坚果、含油果、香料（调香的植物）和饮料作物，产量为114.4万吨，占有机作物产量的7.6%。这三类作物的产量占有机作物总产量的82.2%。从转换期产品产量来看，总体上有机作物转换期产量比例为30.2%。转换期占比最高的作物为中药材，为55.6%，其次是其他纺织用的植物，转换期占比为54.5%。蔬菜、水果和香辛料作物的转换期占比均低于20.0%，其中转换期占比最小的是蔬菜，为13.0%。

2020年有机羊养殖数量达472.82万只，有机牛养殖数量达165万头，较2019年增长74.93万头，有机猪养殖数量为10.22万头，有机鸡养殖数量为140.54万只。有机牛的产量为28.15万吨，有机羊的产量为32.28万吨，有机猪的产量为1.00万吨，有机鸡的产量为0.71万吨。此外，还有马、驴、鸭和鹅等动物的生产，但其总生产量所占的比例较小。在动物产品中，2020年的生产总量为326.88万吨，其中有机牛乳是主要的动物产品，产量为319.32万吨，占有机动物产品总产量的97.68%，有机鸡蛋的产量为0.51万吨，占有机动物产品总产量的0.15%。中国有机家畜中有机羊的数量最多，但是养殖数量并不稳定，在10年间处于波动状态。2014年以来，有机羊养殖数量显著增多，2016年达到了687.16万只，超过2013年的651.22万只，2017年和2018年连续两年有所下降，2019年开始又呈上升态势，2020年有机羊数量478.82万只，较2019年有机羊数量增长20.33%。2010年—2014年有机鸡的养殖数量基本上维持在110万~150万羽，2015年下降后，2016年数量显著增加，随后呈现下降趋势。2020年有机鸡和鸡蛋总产量达0.72万吨，较2019年增加0.1万吨。对于有机牛的养殖数量来看，2013年之前的涨幅较大，2014—2016年涨幅较之前略低，但有机牛的数量已明显增加。尽管2017年—2019年有机牛数量下降，但2020年急速回升至165万头，同比增长96.81%。

二、中国有机产业市场规模

从2012年开始，国内市场销售的有机产品实行“一品一码”管理制度，所有在货架销售的有机产品其最小销售包装上均须加贴由认证机构颁发的在“中国食品农产品认证信息系统”备案的有机标签。企业在申请有机标志和有机码时必须详细写明其欲销售的产品名称及产量，并通过认证机构上报到中国食品农产品认证信息系统。本部分中所用来分析有机产品销售的相关数据来自该系统。从有机标签的备案数量也体现了有机产品的销售情况。

总体来说，中国有机产品标志备案数量呈现逐年增加的趋势。2020中国境内有机产品标志备案数量为26.3亿枚，相比2019年增加了5.1亿枚，增幅24.1%。在2020年发放的有机产品标志备案中，同往年一样，灭菌乳的有机标志备案数最多，为18.6亿枚，2020年灭菌乳的有机标志备案数量占总有机标志备案数的71%，相比2019年增加了3.8亿枚，增幅25.7%。其次是白酒的有机标志备案数量，为0.85亿枚，相比2019年增加了0.18亿枚，增加26.9%［数据来源于国家认监委《中国有机产品认证与有机产业发展（2021）》］。

2020年中国国内生产的有机产品估算的销售额为701亿元，较2019年增加了23亿元。加工产品的销售额为646.15亿元，较2019年增加了12.42亿元，占中国有机产品总销售额的92.1%；植物类产品销售额为46.76亿元，较2019年增加了12.49亿元，占比6.7%；畜禽类产品销售额为4.92亿元，较2019年增加了0.21亿元，占比0.7%；水产品的销售额为3.57亿元，较2019年减少了1.9亿元，占比为0.5%。相比2016年，2020年中国有机产品销售额增加了142亿元。

从2020年中国国内生产的各类有机作物产品销售额情况，植物类中药产品的销售额最高，为18.08亿元，较2019年增加了8.34亿元，占植物类有机产品总销售额的38.7%；其次是蔬菜，销售额为15.16亿元，较2019年增加了3.83亿元，占比32.4%；排在第3位的是水果，2020年的销售额为5.57亿元，较2019年减少了1.48亿元，占比11.9%；谷物的销售额为3.55亿元，占比7.6%；油料作物的销售额为3.52亿元，占比7.5%；其余作物的销售额的占比均在5%以下。

2020年畜禽类有机产品核销额为4.92亿元，其中家禽家畜的销售额为4.11亿元，较2019年增加了0.32亿元，家畜中有机山羊的销售额最高为1.79亿元，有机绵羊的销售额为1.40亿元。有机蛋类的销售额为0.81亿元，牛乳的销售额为0.11亿元。2020年有机水产品的销售额为3.57亿元，其中无脊椎动类水产品的销售额最高为1.74亿元，鱼类销售额0.95亿元，植物类水产品销售额0.59亿元，甲壳类销售额0.18亿元，鳖类产品的销售额0.11亿元。

2020年中国有机加工产品的销售额为646.15亿元，其中酒类的销售额最高为187.97亿元，占有机加工产品总销售额的29.1%；其次是乳制品，价为157.81亿元，占比24.4%；排在第3位的是婴幼儿食品，111.16亿元，占比17.2%；粮食加工品的销售额排在第4位，为69.77亿元，该四类的有机加工产品销售额均50亿元以上。茶及相关制品销售额为29.42亿元，蔬菜制品的销售额为14.02亿元，调味品的销售额为13.46亿元。肉及肉制品、方便食品、罐头、中药材加工品、速冻食品炒货食品及坚果制品、饲料、饮料、水果制品、糖及食用糖、水产制品的销售额均在1亿~10亿元，其余加工产品的销售额均不足1亿元。

随着有机市场的发展，有机监管力度也逐渐加大。2020年国家市场监督管理总局对有机产品认证领域（有机蔬菜、食用菌、葡萄酒、茶叶、水果、粮谷、乳制品、食用植物油、婴幼儿配方食品9类产品）的25家认证机构涉及的320批次产品实施了认证有效性抽查，认证机构覆盖率为28.7%，以规范有机市场，监测认证活动相关方的工作质量和认证风险，推动认证有效性和公信力的提升。根据《中华人民共和国认证认可条例》《有机产品认证管理办法》，抽查发现18批次抽样产品（涉及8家认证机构）不符合认证要求，总体不符合率为5.63%。国家市场监督管理总局已将相关信息通报有关认证机构，有关认证机构已依据相关规定，对不符合认证要求的获证产品作出撤销24张有机产品认证证书的严肃处理。对抽查发现严重不符合（违规使用禁用物质等情况）被撤销认证证书的相关产品，认证机构5年内不得受理该企业及其生产基地、加工场所的有机产品认证委托。同时，公开相关认证机构名单，要求涉及不符合项的认证机构立即开展风险排查，加强和完善认证风险防控措施，严把发证质量关，并将排查结果和防控措施报告国家市场监督管理总局。

伴随着有机产品市场的快速发展，有机理念逐渐也融入了餐饮行业。不少餐厅推出了有机菜品，甚至有的餐厅直接对外宣传为有机餐厅，但是由于缺乏标准，消费者很难辨别真假，监管也有一定难度。2015年6月11日，“有机餐饮服务技术要求”项目启动会在北京顺利举行，标志着我国有机餐饮标准的编制工作正式开启（FIBL，2017）。有机餐饮要求尽可能采购有机认证的原辅料，采取最大限度保留食物营养成分的烹饪方式，强调采购、加工和销售活动的可追溯性，以保持有机餐饮的完整性。该标准吸收了国外有机餐饮标准的概念，并参考了国内有机产品和餐饮行业的相关要求，结合国内有机餐饮的实际情况制定。根据餐厅提供有机菜品的比例，将有机餐厅的服务水平分为三个等级。

三、中国有机产品认证宣传

当前中国有机产品认证发展迅速，获证企业数量、有机认证证书数量、有机码发放数量等均有增加，有机产品产值和销售额呈现稳步增长态势，有机产业呈现“产销两旺”的发展趋势。为深入学习贯彻习近平新时代中国特色社会主义思想和党的十九大精神，认真落实中共中央、国务院关于质量工作的重大决策部署，做好“六稳”工作、落实“六保”任务，切实维护市场秩序，着力优化营商环境，全面提升产品、工程和服务质量，为建设质量强国、决胜全面建成小康社会提供有力支撑，国家市场监督管理总局等16个部门于2020年9月联合开展全国“质量月”活动。按照2020年全国“质量月”活动的总体安排，深入贯彻落实《国务院关于加强质量认证体系建设，促进全面质量管理的意见》（国发〔2018〕3号），宣传和推动有机产品认证工作，国家市场监督管理总局在2020年9月21—27日，集中开展以“有机产品认证：守护绿水青山，共享绿色生活”为主题的全国“有机产品认证宣传周”活动。并于2020年9月21日在北京举办全国“有机产品认证宣传周”活动启动仪式，发布最新年度《中国有机产品认证与有机产业发展报告》，交流推广各地运用有机产品认证守护绿水青山、共享绿色生活的成果与经验等。同时各级市场监管部门及相关单位纷纷结合实际策划开展“有机产品认证宣传周”系列活动，深入产地加强指导帮扶，推动有机产品进农户、商超、社区，促进有机产品产供销对接，组织有机产品知识讲解、技能培训和技术服务，面向消费者、企业等社会各方开展广泛宣传。

有机产业受到监管部门越来越多的关注和重视，地方政府和市场主体踊跃投身有机产业。在国家及政府的支持与宣传下，以及各大网络平台和媒体的关注与推广，有机的概念越来越为企业和消费者所熟知。当前，认证已经逐渐成为当前国际通行的农产品和食品质量安全管理手段，在欧美等发达国家与地区，通过第三方认证机构的认证活动加强农产品、食品生产和经营企业安全体系的建设已经成为保障食品安全的重要手段。有机产品认证是质量认证体系建设的一项重要工作，对落实打赢三大攻坚战、实施乡村振兴战略、推进生态文明建设等战略任务，具有重要的现实意义。由于有机产品大多与民众生活息息相关，关系到人民群众的切身权益，一旦发生有关有机产品质量的舆情事件，就会引发广泛的讨论。在这样的市场背景下，需要完善有机产品认证制度，健全有机产品认证全过程追溯机制；切实加强有机产品认证监管，把落实各方主体责任作为基础要不断提升监管效能；不断优化有机产品认证服务，帮助企业解决质量控制和认证过程中的实际问题，为企业提质增效、降本减负；广泛宣传有机产品认证，准确解读中国有机产品认证制度，提升消费者对有机产品的认知度。多方共同努力促进有机产业良性健康发展，并进一步深化人们对有机产业的了解，增进消费者与生产者之间的信任。

四、中国有机农业发展形式

2015年国家对有机认证机构管理办法进行了修订，改变了有机认证机构的注册政策。相较于管理注册认证机构的数量而言现在更强调质量监督。截止到2018年3月，在国家认监委网站登记的认证机构增加到了100家。有机产品认证证书的发放数量近几年都在增加，反映出我国有机产业快速、稳定的发展现状。

对于有机行业的发展而言，技术障碍和市场壁垒是主要的瓶颈。随着可持续食物生产和消费意识的逐渐成熟，消费者对营养健康绿色食品的需求增加，有机农业迎来新的发展点。在推广有机农业技术的同时，许多替代性食物体系也涌现出来。其中，社区支持农业（community supported agriculture，CSA）便是由于人们更为偏好农业的健康、生态、社会等功能而逐渐兴起的一种替代性农业发展模式（Heimlich and Anderson，2001）。与产业化农业是市场经济发展的产物及过分追求利润的行为特征不同，CSA 更适用于道德经济的分析框架（Kloppenburg et al.，1996；Hinrichs，2003）。CSA 是在城市居民和附近农场之间开展的一种户主合作式农业经营模式，起源于日本，后在欧洲、北美等地逐渐发展起来，消费者在生产前便成为该农产的用户，承诺在农场的整个生产过程给予支持，以实现消费者与生产者的风险共担、利益共享（陈卫平等，2011）。在温铁军教授的倡导与带领下 CSA 在中国也得到广泛的认可和发展。CSA 以提供安全、健康的有机食品为目标（张璐，2017），通过在生产中大量使用有机或近似有机的内部循环生产方式，产地直销的经营模式，直接与本地消费者建立联系，减少中间环节的不必要损耗，使其同时具备环境友好与资源节约两大特征。这为小规模农业生产者创造了更适宜他们发展的机遇，最大化产品利润，提升收入的同时也为对食品安全存疑的消费者提供了机会去信赖他们所消费的食品。同时这种形式还可与当地生态旅游产业相结合，实现农村产业融合，促进当地产业升级发展，保护我国农业文化和乡村生活方式（董欢等，2017）。温铁军、石嫣等（2011）研究发现，这种生态型都市农业依靠中等收入群体的支撑，通过强调环境保护、绿色生态主题，强化其社会责任承担意识，使之得到更好的发展。

从 2006 年开始，在温铁军教授的倡导下，CSA 的理念在中国河南得以初步实践，2009 年中国人民大学—海淀区政府产学研基地项目“小毛驴市民农园”的开放，标志着我国社区支持农业的项目正式启动，该农场的运作是基本符合国际 CSA 的发展模式，促进了我国社区支持农业的发展（陈卫平等，2011）。目前处于稳定发展阶段，但仍然面临消费者信任度提升、产品有机认证成本高昂、融资困难规模难以扩大等限制因素，参与式保障体系的建立、生态农业的积极宣传等能在一定程度上改善上述问题（张安琪，2017）。目前，我国 CSA 发展较为平稳，目前已有超过 500 个 CSA 项目为 10000 多户中国家庭供应新鲜安全的农产品（文亮、丁晓露，2014）。

目前，已有多个国际国内会议聚焦于 CSA 有机生态农业发展的路径探索方面。2021 年 10 月落幕的第八届国际 CSA 大会暨第五次欧洲国家 CSA 运动集会吸引了来自全世界各地参与者出席，全球食物主权运动和替代性食物系统 CSA 模式等问题均在讨论之中。2021 年第十二届中国社会生态农业 CSA 大会成功举办，此次会议将生态文明和乡村振兴作为发展宗旨，是目前中国规模最大、参与最广泛且持续时间最长的社会生态农业论坛，在国内外颇具影响力。面对新冠肺炎疫情的冲击，此次大会着重讨论了农业生产方式给食物体系和人类健康带来的问题和挑战，并积极探索促进国内众多社会化生态农业模式的有效路径，如 CSA 农场、有机农夫市集、消费者合作社、食农教育等向前发展，赋予慢食、爱故乡等理念以新的活力和内涵，并且号召消费者健康饮食、注重有机消费、参与生产监督等，支持有机生态农业。

随着中国有机产业的蓬勃发展，全国各地涌现了一批以服务有机产业的从业者，促进信息共享和交流为己任的行业协会组织。目前以“有机”“协会”“联盟”为关键词，在“全国组织机构代码信息核查”系统中能够查到的与有机相关的行业组织达几百家。其中近 1/3 行业组织其组织机构代码证信息在系统中显示异常，无法判断是否持续存在。其余在系统中可以查询其组织机构代码证的有机行业组织达 160 家，分别分布在 29 个省、直辖市以及自治区，其中以山东省、江西省、四川省分布居多。这些有机行业组织多是由当地农业环保等政府部门、企业、供销社、科研单位、大专院校、各级农村专业协会和个人会员自愿组成的行业性、非营利性的社会组织，其成员多为当地从事有机农产品生产经营的组织和个人。这些有机行业组织大多以有机产品推广、技术咨询、指导、理论研究或搭建有机生产资料供销平台作为服务范围，关注和促进有机产业发展。有机行业组织虽然总体数量可观，但是在实际运行过程中，除了少数协会或联盟在行业比较活跃外，绝大多数的行业组织在行业内的活跃度都比较低。

五、有机农业认证与国际互认

随着世界贸易的增长，越来越多的国家开始遭受别国技术性贸易壁垒的障碍。就有机产品国际贸易而言，在全世界范围内各国有机互认程度低，并且存在多重认证、有意提高技术标准等问题，由此增加了有机产品出口国的贸易成本，制造了贸易壁垒，严重阻碍了有机产品贸易的发展。尤其是当发展中国家向欧盟、日本、美国等出口有机产品时，往往需要国外认证机构认证和多重认证，承担费用非常高（乔玉辉，2013）。为了加快推进国际化发展战略，进一步为发展绿色食品出口贸易创造条件，我国不断加快与国外有关重点认证机构展开认证合作的步伐，取得了实质性进展。

随着中国政府相继提出“一带一路”“走出去”“扩大进口”等发展倡议，以及国内居民收入不断增加，消费者对食品安全、健康、环保意识的逐步提高，中国食品进出口贸易逐渐由以出口为主向进出口同步增长的模式过渡，中国也日益成为进口有机产品的主要国家。2015 年，国家认监委已经分别与欧盟及其成员国英国和丹麦签署了有机产品认证合作备忘录，并在备忘录框架下开展一系列双边合作活动。泰国、新西兰等国家对与中国开展有机产品国际互认合作非常积极，2015 年期间，国家认监委组织有机互认代表团到泰国和新西兰进行有机产品互认交流与访问，对泰国和新西兰的有机农业发展和有机产品认证认可监管体系有了进一步了解和认识，达成了中国和泰国以及中国和新西兰有机标准互认的行动计划。2016 年 11 月，国家认证认可监督管理委员会（CNCA）与新西兰政府签订了关于相互认可、有机认证的协议。这是中国签订的首个双边有机认证认可协议。

随后，中国绿色食品发展中心分别与瑞士的通用公证行（SGS）和日本的海外商品检查有限公司（OMIC）签署了有机食品认证业务全面代理及合作协议，并由中绿华夏有机食品认证中心负责执行（华夏，2003）。另外，阿根廷、玻利维亚、拉脱维亚、哥斯达黎加等国家和地区也表达了在有机产品领域的合作意向。另外认监委还在 2015 年重点推动与欧盟、丹麦、泰国、新西兰等国家的有机产品认证合作，开展了“中外有机产品法律法规比较及互认途经分析”的研究工作，主要收集有机产品国际贸易相关认证法规标准、监管体系等信息，对比国际贸易相关法规控制体系与中国有机产品法规标准的差异并进行差异性分析及评估，为今后开展有机产品认证的互认与合作提供了理论基础，对中国开展与其他国家和地区有机产品互认合作的途径和方法提出了可行性的建议，进一步促进中国有机产品的进出口贸易。我国与国外有机认证机构进行的合作，不仅奠定了与重点贸易区域认证机构之间合作的坚实基础，更为国内绿色食品企业和有机食品企业开拓国际市场创造了条件，有助于后续直接申请有关国际组织和有关国家的有机食品认证许可。

六、中国有机农业发展现状原因分析

中国有机产品实施的是一品一码的制度，这意味着中国在 2020 年共售出 26.3 亿件有机商品，国内销售总额为 701 亿人民币，销售端持续地增长，供给端、销售端都实现了一个可喜的增长态势。良好的政策环境、经济新常态下消费的拉动、有机产品制度改革等，是有机产业发展处于良好状态的主要原因。

（一）良好的政策环境

党中央国务院接连出台了一系列关于加快生态农业发展、加快发展现代农业的文件。2015 年 5 月，中共中央国务院发布了关于加快推进 2016 年生态文明建设的文件，将有机农业、生态农业列为发展绿色产业的重要内容。把加快发展有机产品认证，作为健全生态文明制度体系、推进市场化机制的重要措施。同年 9 月，中共中央国务院印发了生态文明体制改革总体方案，提出建立统一的绿色产品体系，统一标准、认证、标识体系，将有机产品列为国家绿色产品认证体系的一个重要组成部分。这些都体现了国家对生态文明建设和农业可持续发展的高度重视，以及对发展有机产业的政策性的支持。2017 年，中央 1 号文件又提出，支持新型农业经营主体申请包括有机产品在内的“三品一标”的认证，引导企业争取国际有机产品认证，加快提升国内绿色、有机产品认证的权威性和影响力。推进农产品认证结构的国际互认工作。2017 年 6 月习近平总书记参加四川代表团审议时特别强调：必须深入推进农业供给侧结构性改革，加强绿色、有机、无公害农产品的供给，要主攻农业供给有机产业。

中共十九大报告提出实施乡村振兴战略，强调坚决稳住农业农村这个基本盘，坚持农业农村优先发展的战略思想，推动加快补齐农业农村短板，按照“产业兴旺、生态宜居、乡风文明、治理有效、生活富裕”的总要求，推动城乡一体、融合发展，推进农业农村现代化。中共中央、国务院发布的2020年中央一号文件《关于抓好“三农”领域重点工作确保如期实现全面小康的意见》指出：发展富民乡村产业。继续调整优化农业结构，加强绿色食品、有机农产品、地理标志农产品认证和管理，打造地方知名农产品品牌，增加优质绿色农产品供给。农业农村部办公厅印发的《2020年农业农村绿色发展工作要点》《2020年农产品质量安全工作要点》及《关于落实党中央、国务院2020年农业农村重点工作部署的实施意见》中提到通过部地共建，联合打造一批创标、制标、用标、达标的示范典型。稳步推进绿色食品、有机农产品、地理标志农产品和良好农业规范认证推介。落实追溯“四挂钩”要求，率先将绿色食品、有机农产品、地理标志农产品纳入追溯管理，树立一批追溯示范标杆企业。生态环境部、农业农村部、国务院扶贫办综合司联合印发《关于以生态振兴巩固脱贫攻坚成果进一步推进乡村振兴的指导意见（2020—2022年）》提出了调整优化农业结构，加强绿色食品、有机农产品、地理标志农产品认证和管理，打造地方知名农产品品牌，增加绿色优质农产品供给，加强重点农产品产地生态环境监管。

进入新发展阶段，乡村振兴到了全面推进、全面实施的时候，要以更有力的举措，汇聚起更强大的力量，推动乡村振兴由顶层设计到具体政策举措全面实化，由示范探索到全面推开，由抓重点工作到“五大振兴”全面推进。通过全面推进乡村振兴，加快补上农业农村现代化短板，赶上全国现代化的步伐。实施乡村振兴战略，产业兴旺是关键，只有产业得以发展，农民才能持续增收，农村才留得住人，乡村振兴战略才能有效推进，农民生活富裕才有保障，但任何产业的发展都不能以破坏生态环境为代价。大力发展有机产业既能保护生态环境，构建人与自然和谐共生的乡村发展新格局，又能确保乡村发展的最大优势，深化农业供给侧结构性改革，推动农业从增产导向转至提质导向，有力保障乡村振兴战略的落实，巩固拓展脱贫攻坚成果，推动供给侧结构性改革，推动有机产业发展。

（二）经济新常态下消费的拉动

目前中国消费者的消费需求已经从模仿型转变为个性化、多样化的消费需求，市场竞争也从数量扩张、价格竞争转变为质量型、差异化的竞争。有机产品以及有机产业很好地满足了这些要求。随着中国城市化进程的加速，那么到2020年，中国城市人口会达到9.5亿，其中会产生3至4亿的中产阶级。这个人群将来会是有机产品消费的重要群体。所以，有机产品的消费需求一直会相当地旺盛。

近年来，伴随着经济持续增长和人均收入不断增加，中国消费者的需求规模和需求结构都在发生变化。一些中高收入消费者出于关注自身健康的动机，对有机食品需求迅速增加。中国正在进入由数量消费向质量消费、由商品消费向品牌消费的过渡阶段，广大消费者对安全、优质、健康、营养的农产品和食品需求，不仅是共性需求，也是刚性需求。近几年，绿色优质农产品的消费市场越来越大，绿色有机地标农产品的发展规模随之不断扩大，品牌公信力、美誉度得到高度认可，呈现出生产消费良性互动、线上线下销售两旺的发展态势（刘馨蔚，2021）。

和其他国家相比，中国消费者对有机产品需求规模是居于世界前列的。与此同时，国外对中国有机产品的需求也在持续增加。2020年，中国出口了价值13.4亿欧元的有机食品，出口到30多个国家和地区，对荷兰、美国、英国、德国等大多数国家的有机产品出口贸易额都有明显增加。值得注意的是，中国有机食品销售在全部食品销售中所占份额很小，而丹麦、瑞士和瑞典等西欧国家，这一比例已经达到8%~10%。此外，我国有机食品的人均消费额远低于瑞士、丹麦、瑞典（刘晓惠，2018）。显然，这与中国相对较低的人均收入有关，但同时也表明，伴随着中国经济持续增长，中国有机农业的市场需求潜力是巨大的。

（三）有机产品制度改革

统一权威的有机产品认证制度及严格高效的有机产品联动监管、社会共治机制是支撑有机产业良好发展不可或缺的重要因素。国家认监委是国务院2001年设立的全国认证认可的监督管理机构。认证认可、检验检测以及计量标准，一起共同构筑成国际公认的国家质量机制。其被联合国工业发展组织和国际标委化组织认为是未来经济、社会持续发展的重要支柱，是政府、企业提高生产力、维护生命健康、保护消费者权利、保护环境、维护安全和提高质量的重要技术手段。新常态下，党中央国务院提出，把推动发展和立足点转到提高质量和效益上来。以认证认可为 NQI 的重要战略地位和基础作用。自 2001 年以来，国家认监委致力于遵循国际规则，建立统一、开放、竞争、中国特色的认证认可制度，并按照统一管理、共同实施的工作方针和传递信任、服务发展的工作目标，在相关部委的共同支持下，不断完善了我国各项的认证制度，认证认可事业蓬勃地发展了起来，为我国有机产业提供了良好的制度保障。

主要参考文献：

[1] 陈卫平，黄娇，刘檬洋. 社区支持型农业的发展现况与前景展望 [J]. 农业展望，2011，07（1）：54—58.

[2] 国家市场监督管理总局，中国农业大学，编著. 中国有机产品认证与有机产业发展（2021）[M]. 北京：中国农业科学技术出版社，2021.

[3] 瑞士有机农业研究所（FiBL），IFOAM 国际有机联盟. 2021 年世界有机农业概况与趋势预测 [M]. 北京：中国农业科学技术出版社，2021.

[4] 张璐. 社区支持农业：缘起、探索与前景 [J]. 农业经济，2017（10）：6—8.

[5] Ilona Liliána Birtalan，Ágnes Neulinger，György Bárdos，Adrien Rigó，József Rácz，Szilvia Boros. Local food communities：exploring health-related adaptivity and self-management practices [J]. British Food Journal，2021，123（8）：2728—2742.

[6] Cristiano Silvio. Organic vegetables from community-supported agriculture in Italy：Emergy assessment and potential for sustainable，just，and resilient urban-rural local food production [J]. Journal of Cleaner Production，2021，292（17）：1—14.

[7] Cristiano S . Organic vegetables from community-supported agriculture in

Italy: Emergy assessment and potential for sustainable, just, and resilient urban-rural local food production [J]. Journal of Cleaner Production, 2021, 292 (17): 1—5.

[8] Heimlich, R. E. and W. D. Anderson, 2001, "Development at the Urban Fringe and Beyond: Impacts on Agriculture and Rural Land", Agricultural Economic Report No. 803, Economic Research Service, U. S. Department of Agriculture.

[9] 刘馨蔚. 绿色优质农产品消费市场大 [J]. 中国对外贸易, 2021 (08): 52—53.

[10] 刘晓惠. 我国有机农业的发展潜力研究——基于波特的钻石模型 [J]. 现代经济信息, 2018 (18): 352—353.

第三章

有机农业标准的释意与解读

有机农业从萌芽至20世纪80年代初，受到欧盟、美国、日本等多个国家和地区专家、学者的关注，而不同地域、文化和思想背景的人，对有机农业的理解也存在一定的差异，以至于在相当长的一段时间内，有机农业并没有一个统一的概念。1972年成立于法国的国际有机农业联盟（International Federal of Organic Agriculture Movement，简称IFOAM），旨在通过发展有机农业保护自然和环境，它联合各成员致力于发展集生态、社会和经济为一体的合理的、可持续发展的农业体系。在IFOAM的倡导下，各个国家、政府开始积极推动建立统一的有机农业标准。

1991年，欧盟发布EEC 2092/91指令，成为第一个国家层面的有机产品标准。

1999年CAC通过了《有机食品的生产、加工、标签和销售导则》（CAC/LG32），其中不包括畜牧生产。2001年又通过了该导则的“畜牧与畜牧产品”部分，这样就形成了基本完整的、国际性非政府组织的有机食品标准。

日本在2000年颁布有机标准，即JAS有机标准。

美国则在2002年颁布NOP有机标准。

中国在2005年发布并实施《中华人民共和国国家标准：有机产品》（GB/T19630.1~4—2005），标志着我国有机产业的发展进入了新阶段。

由于有机食品贸易的复杂性，以及有机农业生产方式的特殊性，强调生产过程的控制和有机系统的建立，确定相关标准来保证有机食品的质量，可以帮助生产者和消费者间构建信任，也可以帮助国际贸易中产品质量的确认。

本章从中国、欧盟、美国、日本的有机产品标准中摘取部分内容进行介绍，并对2011版的中国有机产品标准进行了解读，以便于对有机标准更好地理解。

第一节　有机标准发展概况及制定原则

一、有机标准发展概况

有机农业标准是应用生态学和可持续发展原理，结合世界各国有机农业的生产实践，在有机农业生产中必须遵守，同时在有机农业质量认证时必须依据的技术性文件。一般情况下，有机农业标准包括有机认证的范围、转换期的规定、种植、养殖、加工及野生收获、菌类、蜂产品等内容，以及对转基因生物的规定和投入品的规定或列表。

有机农业标准是一种质量认证标准，它是一种特定生产体系的共性要求，更强调生产、加工、贸易等环节不违背有机生产原则，保持有机的完整性，从而生产出合格的有机产品。

目前，全球的有机农业标准主要有三个层次，即私人标准、国家标准及国际标准。农户协会在20世纪中期就开始制定有机生产、检查和认证的私人标准，此外，一些认证机构都制定了认证机构的私有标准。直到20世纪90年代，政府机构才首次介入有机法规的制定。与此同时，世界上其他经济实体也加快了制定标准的步伐。2002年，美国农业部完成了立法的工作，2005年4月1日，我国《有机产品认证管理办法》和《有机产品国家标准》开始正式实施。2019年8月30日国家市场监督管理总局发布GB/T 19630：2019《有机产品生产、加工、标识与管理体系要求》，该标准代替GB/T 19630.1—2011《有机产品第1部分：生产》，GB/T19630.2—2011《有机产品第2部分：加工》，GB/T 19630.3—2011《有机产品第3部分：标识与销售》，GB/T 19630.4—2011《有机产品第4部分：管理体系》。2019年11月6日国家认监委发布《有机产品认证实施规则》（CNCA-N-009：2019），代替2014年4月23日发布的《有机产品认证实施规则》(认监委 2014 年第 11 号公告)。

在致力于建立清晰、一致的有机法规和标准的过程中，不仅有私人组织、政府机构的参与，IFOAM 及联合国粮农组织、世界卫生组织等国际机构也纷纷参与，目前有两个主要的国际标准即联合国食品法典委员会 CAC 标准和国际有机运动联盟 IFOAM 标准。IFOAM 是世界成立最早和目前影响最大的民间有机农业组织，其制定的有机农业基本标准（IBS）被各国和认证机构广泛借鉴，而 CAC 标准是在参考 IFOAM、欧盟等标准基础上制定的，目前 IFOAM 标准和 CAC 标准都已成为各国制定国家制定国家标准的重要参考。但是需要注意的是，尽管存在如此众多的不同的有机标准，但大多数专家认为，这些标准之间的相同点远远多于不同点，各个标准之间的差异不大。

二、有机标准制定原则

（一）有机农业标准是生产者从事有机食品生产、加工和贸易的技术和行为的指导

有机农业标准不仅对有机食品的生产技术、生产资料的投入提出了具体的要求，而且对有机生产者和管理者的行为进行了规范，不仅规定了哪些物质和技术不允许在有机生产中使用，而且指出了提倡和允许在有机生产中使用的技术和物质，为生产者如何达到有机标准，生产出合格的有机产品提出了明确的技术指导。例如，在作物生产方面，有机农业标准在作物品种选择、轮作要求、土壤培肥、作物病虫害防治方面都做了详细的规定。在动物养殖方面，有机农业标准在品种的选择与购买、养殖方式、养殖区环境条件、动物饲料与健康、运输、屠宰等方面都进行了严格的规定。有机标准还要求生产者实施严格的可追踪的质量控制措施，包括制定有关生产的操作规程、生产批号，实施各项生产管理记录，并遵守社会公正原则，公平对待员工，进行公平贸易。

（二）有机农业标准是认证机构从事有机食品质量认证的依据

质量认证又称为合格认证，国际标准化组织对其的定义是：“由可以充分信任的第三方证实某一经鉴定的产品和服务符合特定标准或者其他技术规范的活动。”有机农业认证是一种质量控制体系认证，有机农业标准则是有机农

业认证机构检验有机产品生产者和加工者是否合格的依据。

（三）有机农业标准是维护生产者和消费者权益、保护产品质量和规范经营行为的法律依据

有机农业标准作为质量认证依据的标准，对接受认证的企业来说，属于强制性标准，企业生产的有机产品和采用的生产技术都必须符合有机认证的标准要求。消费者据此标准判定和购买有机食品，当消费者的权益受到损害时，有机农业标准是裁决的法律依据。

制定有机农业标准的时候，需要遵循以下一些原则：

a. 为消费者提供营养均衡、安全的食品；

b. 加强整个生态系统的生物多样性；

c. 增强土壤生物活性，维持土壤的长效肥力；

d. 在农业生产系统中依靠可更新资源，通过循环利用植物性和动物性废料，向土壤中归还养分，并尽量减少不可更新资源的利用；

e. 促进土壤、空气及水体的健康使用，并最大限度减少农业生产可能造成的各种污染；

f. 采用谨慎的方法处理农产品，以便在各个环节保证产品的有机完整性和主要品质；

g. 提高生产者和加工者的收入，满足他们的基本需求，努力使生产、加工及贸易链条向着公正、公平和生态合理的方向发展。

第二节 中国有机标准解读

中华人民共和国国家标准《有机产品》由国家认监委组织编写，标准号为 GB/T 19630.1~19630.4—2005，2005 年 4 月 1 日开始实施，2011 年重新修订，标准号为 19630.1~19630.4—2011。该标准共由 4 部分组成，分别是《有机产品第 1 部分：生产》（GB/T 19630.1）、《有机产品第 2 部分：加工》（GB/T 19630.2）、《有机产品第 3 部分：标识与销售》（GB/T 19630.3）、《有机产品第 4 部分：管理体系》（GB/T 19630.4）。

2019年8月30日国家市场监督管理总局发布GB/T 19630—2019《有机产品生产、加工、标识与管理体系要求》，该标准代替GB/T 19630.1—2011《有机产品第1部分：生产》，GB/T19630.2—2011《有机产品第2部分：加工》，GB/T 19630.3—2011《有机产品第3部分：标识与销售》，GB/T 19630.4—2011《有机产品第4部分：管理体系》。

本部分只摘取有机产品国家标准的部分内容进行解读，具体的国家标准《有机产品》（GB/T 19630—2019）请见附录1。

一、有机产品生产部分的标准内容与解读

有机产品生产在整个标准中为第一部分，也是有机产品形成的基础，节选几个重要环节的内容进行介绍。

（一）转换期

1. 中国国家标准《有机产品》标准对植物生产的转换期进行了如下的规定：

（1）一年生植物的转换期至少为播种前的24个月，草场和多年生饲料作物的转换期至少为有机饲料收获前的24个月，饲料作物以外的其他多年生植物的转换期至少为收获前的36个月。转换期内应按照本标准的要求进行管理。

（2）新开垦的、撂荒36个月以上的或有充分证据证明36个月以上未使用本标准禁用物质的地块，也应经过至少12个月的转换期。

（3）可延长本标准禁用物质污染的地块的转换期。

（4）对于已经经过转换或正处于转换期的地块，若使用了禁用物质，应重新开始转换。当地块使用的禁用物质是当地政府机构为处理某种病害或虫害而强制使用时，可以缩短4.2.1.1规定的转换期，但应关注施用产品中禁用物质的降解情况，确保在转换期结束之前，土壤中或多年生作物体内的残留达到非显著水平，所收获产品不应作为有机产品销售。

（5）芽苗菜生产可以免除转换期。

2. 中国国家标准《有机产品》标准对动物生产的转换期进行了如下的规定：

（1）饲料生产基地的转换期应符合植物生产转换期中第 1 条的要求；如牧场和草场仅供非草食动物使用，则转换期可缩短为 12 个月。如有充分证据证明 12 个月以上未使用禁用物质，则转换期可缩短到 6 个月。

（2）畜禽应经过以下的转换期：

a）肉用牛、马属动物、驼，12 个月；

b）肉用羊和猪，6 个月；

c）乳用畜，6 个月；

d）肉用家禽，10 周；

e）蛋用家禽，6 周；

f）其他种类的转换期长于其养殖期的 3/4。

【解读】

在《有机产品生产、加工、标识与管理体系要求》中规定了从常规农业向有机农业转换需要 24 个月或 36 个月的转换期，其目的是通过土壤的自然修复，清除土壤中已经残存的化学农药和肥料；不断完善有机农业生产技术和优化有机农业生态系统。标准还规定了有机动物的养殖也需要转换期。因此，在有机产品转换期是实施环境、技术和生态系统的转换，不是产品的转换。真正的有机产品是在完成转换后在有机的体系内开始生产的产品，因此，有机转换期产品不是有机产品，只能作为常规产品销售。

2014 年 4 月 1 日开始执行的《有机产品认证管理办法》，在新办法的三十二条，规定了中国有机产品认证标志标有中文“中国有机产品”字样和英文“ORGANIC”字样。在中国已经使用的有机转换标志将从市场上消失，这项规定意味着今后国内市场只会出现有机产品，有机转换产品标识将不再出现。

取消有机转换产品的理由是有机转换产品和标志是有机产品生产初级阶段的阶段性产物。在我国有机农业发展初期（2005—2011），大部分耕地都需要转换，实施土地转换后才有真正的有机产品，因此，开始的有机从业人员在 2~3 年的时间内无法获得真正的有机产品，为了促进中国有机农业发展，鼓励有机从业者实施有机生产，才实施“有机转换产品”的认证和标志；到现阶段，中国有机产品认证规模达到 200 万公顷以上，认证数量排在世界前位，需要与国际接轨，统一有机产品标识，并逐渐净化中国有机产品市场，提高中国有机产品的美誉度。

（二）平行生产

所谓的平行生产（paralled production），就是在同一个生产单元中，同时生产相同或难以区分的有机、有机转换或常规产品的情况。按照标准要求，有机生产单元中不能进行平行生产。具体规定如下：

（1）在同一个生产单元中可同时生产易于区分的有机和常规植物，但该单元的有机和常规生产部分（包括地块、生产设施和工具）应能够完全分开，并能够采取适当措施避免与常规产品混杂和被禁用物质污染。

（2）在同一生产单元内，一年生植物不应存在平行生产。

（3）在同一生产单元内，多年生植物不应存在平行生产，除非同时满足以下条件：

a）生产者应制定有机转换计划，计划中应承诺在可能的最短时间内开始对同一单元中相关常规生产区域实施转换，该时间最多不能超过 5 年；

b）采取适当的措施以保证从有机和常规生产区域收获的产品能够得到严格分离。

【解读】

有机农业标准允许在同一个生产单元中可同时生产易于区分的有机和非有机植物，但该单元的有机和非有机生产部分（包括地块、生产设施和工具）应能够完全分开，并能够采取适当措施避免与非有机产品混杂和被禁用物质污染。

于是，有人就问："如果我生产的是一年生有机与转换、常规植物，那么在可以做到地块、设施和工具严格分离的状况下，为什么不可以存在平行生产，或者我可以理解为是基于风险的考虑么？同样的概念，多年生的作物存在平行生产的话，一样有污染的风险，那么为什么认定多年生的有机作物在做到严格分离的状况下时可以存在平行生产的呢？同一生产单元内可以存在隔离带么？如果不可以的话，又怎么做到完全的隔离呢？"

对于这些问题，在理解了有机食品生产的基本要求后，是不难回答的。采取限制平行生产措施的核心是减少产品被污染的风险。一年生作物更易于转换，在土地转换期，可以采用种植不同的作物实现转换，防止产品的混淆；而多年生作物，转换的时期较长，考虑到实际的需求，就在平行生产方面放宽了要求，但仍然要采取措施防止产品的混淆。在同一生产单元内，可以设置隔离带或者采取其他措施进行生产时期的隔离。

（三）产地环境要求

中国国家标准《有机产品》标准对产地环境要求进行了如下的规定：

有机生产需要在适宜的环境条件下进行。有机生产基地应远离城区、工矿区、交通主干线、工业污染源、生活垃圾场等，并宜持续地改进产地环境。

产地的环境质量应符合以下要求：

a）土壤环境质量符合 GB15618 中的二级标准；

b）农田灌溉用水水质符合 GB5084 的规定；

c）环境空气质量符合 GB3095 的规定。

【解读 1】

土壤环境质量标准 GB15618—1995，是 1995 年国家环保局组织科研单位的专家编制完成的。有机农业生产对土壤环境质量符合 GB15618 中的二级标准的要求。具体见表 3-1。

表 3-1　土壤环境质量标准值　　单位：mg/kg

级别 / pH 值 / 土壤项目	一级	二级			三级
	自然背景	<6.5	6.5-7.5	>7.5	>6.5
镉≤	0.2	0.3	0.3	0.6	1
汞≤	0.15	0.3	0.5	1	1.5
砷 水田≤	15	30	25	20	30
旱地≤	15	40	30	25	40
铜 农田等≤	35	50	100	100	400
果园≤	-	150	200	200	400
铅≤	35	250	300	350	500
铬 水田≤	90	250	300	350	400
旱地≤	90	150	200	250	300
锌≤	100	200	250	300	500
镍≤	40	40	50	60	200
六六六≤	0.05	0.5			1
滴滴涕≤	0.05	0.5			1

注：①重金属（铬主要是三价）和砷均按元素量计，适用于阳离子交换量>5cmol

(+) /kg 的土壤，若≤5cmol (+) /kg，其标准值为表内数值的半数。

②六六六为四种异构体总量，滴滴涕为四种衍生物总量。

③水旱轮作地的土壤环境质量标准，砷采用水田值，铬采用旱地值。

【解读 2】

农田灌溉用水水质标准 GB5084—2005，规定了农田灌溉用水水质要求、监测与分析方法，适用于全国以地表水、地下水和处理后的养殖业废水及以农产品为原料加工的工业废水作为水源的农田灌溉用水。有机农作物生产的水质要求符合农田灌溉用水水质符合 GB5084—2005 的规定。具体见表 3-2。

表 3-2　农田灌溉用水水质基本控制项目标准值

序号	项目类别		作物种类		
			水作	旱作	蔬菜
1	五日生化需氧量/ (mg/L)	≤	60	100	40[a]，15[b]
2	化学需氧量/ (mg/L)	≤	150	200	100[a]，50[b]
3	悬浮物/ (mg/L)	≤	80	100	60[a]，15[b]
4	阴离子表面活性剂/ (mg/L)	≤	5	8	6
5	水温/℃	≤	35		
6	pH		5. 5~8. 5		
7	全盐量/ (mg/L)	≤	1000[c]（非盐碱土地区），2000[c]（盐碱土地区）		
8	氯化物/ (mg/L)	≤	350		
9	硫化物/ (mg/L)	≤	1		
10	总汞 (mg/L)	≤	0. 001		
11	镉/ (mg/L)	≤	0. 01		
12	总砷/ (mg/L)	≤	0. 05	0. 1	0. 05
13	铬 (六价) / (mg/L)	≤	0. 1		
14	铅/ (mg/L)	≤	0. 2		
15	粪大肠菌群数/ (个/100mL)	≤	4000	4000	2000[a]，1000[b]
16	蛔虫卵数/ (个/L)	≤	2		2[a]，1[b]

[a]加工、烹调及去皮蔬菜。
[b]生食类蔬菜、瓜类和草本水果。
[c]具有一定的水利灌排设施，能保证一定的排水和地下水径流条件的地区，或有一定淡水资源能满足冲洗土体中盐分的地区，农田灌水质全盐量指标可以适当放宽。

【解读3】

环境空气质量标准GB3095—2012，自2016年1月1日起在全国实施。有机食品生产的环境要求中，空气质量要求符合GB9137规定的二级标准，具体数值见表3-3，表3-4。

表3-3 环境空气污染物基本项目浓度限值

序号	污染物项目	平均时间	浓度限值		单位
			一级	二级	
1	二氧化硫（SO_2）	年平均	20	60	$\mu g/m^3$
		24小时平均	50	150	
		1小时平均	150	500	
2	二氧化氮（NO_2）	年平均	40	40	
		24小时平均	80	80	
		1小时平均	200	200	
3	一氧化碳（CO）	24小时平均	4	410	mg/m^3
		1小时平均	10	160	
4	臭氧（O_3）	日最大8小时平均	100	200	$\mu g/m^3$
		1小时平均	160	70	
5	颗粒物（粒径小于等于10 μm）	年平均	40	150	
		24小时平均	50	35	
6	颗粒物（粒径小于等于2.5 μm）	年平均	15	35	
		24小时平均	35	75	

表 3-4 环境空气污染物其他项目浓度限值

序号	污染物项目	平均时间	浓度限值		单位
			一级	二级	
1	总悬浮颗粒物（TSP）	年平均	80	60	μg/m³
		24 小时平均	120	300	
2	氮氧化氮（NO_x）	年平均	50	50	
		24 小时平均	100	100	
		1 小时平均	250	250	
3	铅（Pb）	年平均	0. 5	0. 5	
		季平均	1	1	
4	苯并［a］芘（BaP）	年平均	0. 001	0. 001	
		24 小时平均	0. 0025	0. 0025	

（四）缓冲带

中国国家标准《有机产品》中，为有机农业生产环境的进行隔离与风险控制，提出了缓冲带的规定：

应对有机生产区域受到邻近常规生产区域污染的风险进行分析。在存在风险的情况下，则应在有机和常规生产区域之间设置有效的缓冲带或物理屏障，以防止有机生产地块受到污染。缓冲带上种植的植物不能认证为有机产品。

【解读】

所谓的缓冲带，是指在有机和常规地块之间有目的设置的、可明确界定的用来限制或阻挡临近田块的禁用物质漂移的过渡区域，英文为叫 buffer zone。中国有机标准中没有明确指出有机生产缓冲带的大小，而是根据风险评估，判断有机农业的生产环境、有机生产场所受周边常规生产或其他污染风险的大小，从而确定物理（包含距离）的隔离措施，防止有机生产被非有机生产的污染，保证有机产品的纯净。宽度视污染源的强弱、远近、风向等因素而定。

作为缓冲带，可以是：

（1）一片耕地、一条沟、一片丛林或树林，也可以是一片荒地或草地；

（2）以物理障碍物作为缓冲带，如一堵墙、一个陡坎、一个大棚或一座建筑物等。

（五）有机种子和植物繁殖材料

按照国家有机产品标准要求，种子和植物繁殖材料：

（1）应选择适应当地的土壤和气候条件、抗病虫的植物种类及品种，在品种的选择上应充分考虑保护植物的遗传多样性。

（2）应选择有机种子或植物繁殖材料，当从市场上无法获得有机种子或植物繁殖材料时，可选用未经禁止使用物质处理过的常规种子或植物繁殖材料，并制订和实施获得有机种子和植物繁殖材料的计划。

（3）应采取有机生产方式培育一年生植物的种苗。

（4）不应使用经禁用物质和方法处理过的种子和植物繁殖材料。

【解读】

有机产品国家标准规定，有机种植应该选择有机种子（或植物繁殖材料）。然而当从市场上无法获得有机种子时，可以使用常规种子，但这些种子不能经禁用物质和方法处理。同时规定，一年生的植物种苗应按照有机方式培育，不能使用常规的种苗。

有机种子（或植物繁殖材料）是专门为从事有机栽培的农场或客户生产的、完全不采用化学处理的农作物种子（或植物繁殖材料）。近年来，有机栽培在欧洲各国发展很快。欧盟有机食品标准规定，从2004年1月1日起，该地区的有机栽培者，只能使用“有机种子（或植物繁殖材料）”生产有机农产品，这就为有机种子的研究与生产带来了市场。

有机种子（或植物繁殖材料）的生产与常规种子生产有一定差别。生产有机种子（或植物繁殖材料），不仅要关注种子（或植物繁殖材料）生产的有机化，还必须注意育种的有机化。

育种有机化包括两个阶段：

第一阶段，主要选择杂交用的育种亲本。要求在有机栽培条件下，选择对病虫害抗性很强且产量较高的育种材料作为亲本材料。

第二阶段，基于有机栽培建立一个特别的杂交育种程序，要求杂交种子在大田种植要有强大的根系、较强的抗病虫能力及与恶性杂草竞争能力。

种子（或植物繁殖材料）生产有机化，除要求在种子生产田中完全采用有机栽培技术外，还包括在种子后处理中完全采用“有机”处理方法。

目前对种子实施有机处理主要有4种方法：

（1）用热水或干热空气消毒，防止种子携带病菌；

（2）用微生物包衣种子，以控制各种土传性病害及苗期病害；

（3）用共生微生物处理，以增强作物的自然防御能力；

（4）用自然生长促进剂处理种子，促进幼苗的生长并增加其抗性。由于这些处理方法都是物理的、有机的、自然的，未采用任何化学方法，因而生产出的种子都是“有机”的。

（六）有机栽培

按照国家有机产品标准要求，有机栽培要求：

（1）一年生植物应进行三种以上作物轮作，一年种植多季水稻的地区可以采取两种作物轮作，冬季休耕的地区可不进行轮作。轮作植物包括但不限于种植豆科植物、绿肥、覆盖植物等。

（2）宜通过间套作等方式增加生物多样性、提高土壤肥力、增强植物的抗病能力。

（3）应根据当地情况制定合理的灌溉方式（如滴灌、喷灌、渗灌等）。

【解读】

作物轮作（crop rotation）指在同一田块上有顺序地在季节间和年度间轮换种植不同作物种植方式。如一年一熟的大豆→小麦→玉米三年轮作，这是在年间进行的单一作物的轮作；在一年多熟条件下既有年间的轮作，也有年内的换茬，如南方的绿肥—水稻—水稻→油菜—水稻→小麦—水稻—水稻轮作，这种轮作有不同的复种方式组成，因此，也称为复种轮作。

中国早在西汉时就实行休闲轮作。北魏《齐民要术》中有“谷田必须岁易”“麻欲得良田，不用故墟”“凡谷田，绿豆、小豆底为上，麻、黍、故麻次之，芜菁、大豆为下”等记载，已指出了作物轮作的必要性，并记述了当时的轮作顺序。

长期以来，中国旱地多采用以禾谷类为主，或禾谷类作物、经济作物与豆类作物的轮换，或与绿肥作物的轮换，有的水稻田实行与旱作物轮换种植的水旱轮作。中国积累的这些轮作经验，在有机产品生产中发挥着重要的作用。

作物生产中的轮作，具有如下三个方面的作用：

第一，防治病、虫、草害。作物的许多病害如烟草的黑胫病、蚕豆根腐病、甜菜褐斑病、西瓜蔓割病等都通过土壤侵染。如将感病的寄主作物与非寄主作物实行轮作，便可消灭或减少这种病菌在土壤中的数量，减轻病害。对为害作物根部的线虫，轮种不感虫的作物后，可使其在土壤中的虫卵减少，减轻危害。合理的轮作也是综合防除杂草的重要途径，因不同作物栽培过程中所运用的不同农业措施，对田间杂草有不同的抑制和防除作用。如密植的谷类作物，封垄后对一些杂草有抑制作用；玉米、棉花等中耕作物，中耕时有灭草作用。一些伴生或寄生性杂草如小麦田间的燕麦草、豆科作物田间的菟丝子，轮作后由于失去了伴生作物或寄主，能被消灭或抑制为害。水旱轮作可在旱种的情况下抑制，并在淹水情况下使一些旱生型杂草丧失发芽能力。

第二，均衡利用土壤养分。各种作物从土壤中吸收各种养分的数量和比例各不相同。如禾谷类作物对氮和硅的吸收量较多，而对钙的吸收量较少；豆科作物吸收大量的钙，而吸收硅的数量极少。因此两类作物轮换种植，可保证土壤养分的均衡利用，避免其片面消耗。

第三，调节土壤肥力。谷类作物和多年生牧草有庞大根群，可疏松土壤、改善土壤结构；绿肥作物和油料作物，可直接增加土壤有机质来源。另外，轮种根系伸长深度不同的作物，深根作物可以利用由浅根作物溶脱而向下层移动的养分，并把深层土壤的养分吸收转移上来，残留在根系密集的耕作层。同时轮作可借根瘤菌的固氮作用，补充土壤氮素，如花生和大豆每亩可固氮6~8千克，多年生豆科牧草固氮的数量更多。

水旱轮作还可改变土壤的生态环境，增加水田土壤的非毛管孔隙，提高氧化还原电位，有利土壤通气和有机质分解，消除土壤中的有毒物质，防止土壤次生潜育化过程，并可促进土壤有益微生物的繁殖。

间作套种（intercropping）是指在同一土地上按照一定的行、株距和占地的宽窄比例种植不同种类的农作物，间作套种是运用群落的空间结构原理，以充分利用空间和资源为目的而发展起来的一种农业生产模式，也可称为立体农业。一般把几种作物同时期播种的叫间作，不同时期播种的叫套种。间作套种是我国农民的传统经验，是农业上的一项增产措施。间作套种能够合理配置作物群体，使作物高矮成层，相间成行，有利于改善作物的通风透光条件，提高光能利用率，充分发挥边行优势的增产作用。

二、蜜蜂和蜂产品的标准内容与解读

在蜜蜂产品是由蜜蜂的采集、酿制、分泌等活动所形成的产品。蜂蜜是由工蜂采集植物花上的甜汁（花蜜）或植物的分泌物经过酿制而成的一种黏稠状透明或半透明液体，味道甜美，是成年蜜蜂的主要食料。蜂蜜含水分约18%，葡萄糖和果糖约65%~70%，此外还有少量蔗糖、糊精、矿物质、有机酸、酶、芳香物质和维生素等，具芳香味，易溶于水，可供人类直接食用，营养价值很高。但是，蜜蜂在养殖过程中容易患病，常常用化学药物处理，而这是在有机生产中不应使用的。由此导致有机蜂蜜生产的难度较大，风险较高，从2012年起，将有机蜂蜜从中国有机产品认证目录中删除了。

近年来，随着技术的发展，有的蜂场在不使用违禁药物的情况下仍能做到有机生产，为有机蜂蜜再次进入认证范围提供了技术保障。我们需认真研读标准，明确标准的要求，所以我们在此对本部分标准进行解读。

（一）转换期

按照有机生产国家标准，对蜜蜂养殖的转换有如下要求：

（1）蜜蜂养殖至少应经过12个月的转换期。

（2）处于转换期的养蜂场，如果不能从市场或其他途径获得有机蜂蜡加工的巢础，经批准允许使用常规的蜂蜡加工的巢础，但应在12个月内更换所有的巢础，若不能更换，则认证机构可以决定延长转换期。

【解读】

通常情况下，正常采蜜的蜜蜂的生命周期平均为5~6周，但本条款要求养殖场需经过12个月的转换期，其理由是：常规蜜蜂养殖场申请有机养殖期后，需要花费一定时间按GB/T19630有机标准和有机产品认证实施规则的要求建立完整的质量管理体系和操作规程。

巢础是人工制造的蜜蜂巢房的房基，供蜜蜂筑造巢脾的基础。有机养殖蜂场必须使用由纯蜡制成的巢础，因为商品化巢础都不是用纯蜂蜡制造的，所以建议由蜜蜂养殖场自制或提供有机蜂蜡委托代加工，防止含有其他的物质，以影响蜜蜂泌蜡造脾的效果。新制成的有机巢础也应根据蜜蜂的养殖特点，在流蜜初期和强群流蜜期，分批将新巢础框与原有巢脾交错排列让蜂群造脾，直到蜂场按标准规定全部更换了有机巢础为止。

（二）蜜蜂引入

按照有机生产国家标准，对蜜蜂引入有如下要求：

（1）为了蜂群的更新，有机生产单元可以每年引入10%的常规蜂王和蜂群，但放置蜂王和蜂群的蜂箱中的巢脾或巢础应来自有机生产单元。在这种情况下，可以不经过转换期。

（2）由健康问题或灾难性事件引起蜜蜂大量死亡，且无法获得有机蜂群时，可以利用常规来源的蜜蜂补充蜂群，且应满足本部分10.1的要求。

【解读】

“本部分10.1的要求”是指对转换期的要求。从事养蜂生产首先要考虑蜂群的来源问题。世界上没有绝对的良种，而只有相对或具体条件下的良种。对于有机生产单元引入的蜂王和蜂群，都应从当地自然环境和现实饲养管理条件出发，着重考虑蜜蜂群体抗病和抗寒等能力。

（三）采蜜范围

按照有机生产国家标准，对采蜜范围有如下要求：

（1）养蜂场应设在有机农业生产区内或至少36个月未使用过禁用物质的区域内。

（2）在生产季节里，距蜂场半径3km范围（采蜜半径）内应有充足的蜜源植物，包括有机生产的作物和至少36个月未使用禁用物质处理的植被，以及清洁的水源。

（3）蜂箱半径3km范围内不应有任何可能影响蜂群健康的污染源，包括使用过禁用物质的花期的作物、花期的转基因作物、高尔夫球场、垃圾场、大型居民点、繁忙路段等。

(4) 当蜜蜂在天然（野生）区域放养时，应考虑对当地昆虫种群的影响。

(5) 应明确划定蜂箱放置区域和采蜜范围。

【解读】

本条款要求有机养蜂场的蜜源植物应该来自有机农业生产体系或者至少36个月没有使用过禁用物质的自然（野生）林区。养殖人员首先应调查蜂场设置区域是不是有机农业生产区域，如果不是有机农业生产区域，则有无证据可以证明是已经有36个月没有使用禁用物质的自然（野生）蜜源区，只有将设置区域的环境调查清楚后才不会影响有机养殖的完整性，也不会影响到认证审核的结果。

在选择有机养殖的蜂种时还应认真考虑到养殖数量和养殖方法，以尽量避免或减轻对当地生态环境和昆虫种群的不利影响。若蜂场设在天然（野生）区域，饲养应注意蜂品种，因其嗅觉与我国很多树种不相配而不能给这些植物授粉，这将导致这些植物种类减少甚至灭绝，最终破坏生态环境，使整个与之有关的植物共生生态系统发生了变化，最终会造成当地昆虫种群的生存危机。此外，蜂场的放置区域还应是可让认证检查员易于界定的区域，以确认其养殖规模和管理状况。

（四）蜜蜂的饲喂

按照有机生产国家标准，对蜜蜂的饲喂有如下要求：

(1) 采蜜期结束时，蜂巢内应存留足够的蜂蜜和花粉，以备蜜蜂过冬。

(2) 非采蜜季节，应为蜜蜂提供充足的有机蜂蜜和花粉。

(3) 在蜂群由于气候条件或其他特殊情况缺少蜂蜜面临饥饿时，可以进行蜜蜂的人工饲喂，但只可在最后一次采蜜期和在下次流蜜期开始前15日之间进行。如果能够购得有机蜂蜜或有机糖浆，应饲喂有机生产的蜂蜜或糖浆。如果无法购得有机蜂蜜和有机糖浆，经认证机构许可可以在规定的时间内饲喂常规蜂蜜或糖浆。

【解读】

充足的营养供应是蜂群强群的先决条件。外界有丰富的蜜粉源时，花蜜和花粉等食物被大量采集进巢，蜂王产卵量增多，工蜂哺育能力增强，培育出的蜜蜂不但数量多，而且体质健壮，生产性能高，能发展成大的群势。在外界蜜粉源缺少时，则可采取转地饲养，或进行人工饲喂，以维持巢内有充足的食物。

人工饲喂有机蜂群绝对不允许发生在采蜜季节，主要是为了保证有机蜂蜜和其他有机蜂产品的质量。我国不少常规养蜂场的蜂蜜单产处于比较高的水平，其主要原因并不是品种好、管理水平高，而是不但在非采蜜季节，甚至在采蜜季节也给蜜蜂饲喂糖浆以提高产蜜量，从而严重地影响了蜂产品的质量，这显然是与有机生产原则相违背的。

（五）疾病和有害生物防治

按照有机生产国家标准，对疾病和有害生物防治有如下要求：

（1）应主要通过蜂箱卫生和管理来保证蜂群健康和生存条件，以预防寄生螨及其他有害生物的发生。具体措施包括：

a）选择适合当地条件的健壮蜂群，淘汰脆弱的蜂群；

b）采取适当措施培育和筛选抗病和抗寄生虫的蜂王；

c）定期对设施定期清洗和消毒；

d）定期更换巢脾；

e）在蜂箱内保留足够的花粉和蜂蜜；

f）蜂箱应逐个标号，以便于识别，而且应定期检查蜂群。

（2）在已发生疾病的情况下，应优先采用植物或植物源制剂治疗或顺势疗法；不应在流蜜期之前30日内使用植物或植物源制剂进行治疗，也不得在继箱位于蜂箱上时使用。

（3）在植物或植物源制剂治疗和顺势疗法无法控制疾病的情况下，可使用附录B表B.2中的要求控制病害，并可用附录B表B.3中的要求对蜂箱或养蜂工具进行消毒。

（4）应将有患病蜜蜂的蜂箱放置到远离健康蜂箱的医治区或隔离区。

（5）应销毁受疾病严重感染的蜜蜂生活过的蜂箱及材料。

（6）不应使用抗生素和其他未列入附录B表B.3的物质，但当整个蜂群的健康受到威胁时例外。经处理后的蜂箱应立即从有机生产中撤出并作标识，同时应重新经过12个月的转换期，当年的蜂产品也不能被认证为有机产品。

(7) 只有在被蜂螨感染时，才可杀死雄蜂群。

【解读】

蜂箱是蜂群饲养和管理中最基本的设备，也是蜂群生活和生产蜂蜜、蜂王浆、蜂蜡、蜂花粉等蜂产品的固定场所。保持蜂箱内清洁卫生是保证蜂群健康和生存的必要条件，因此蜂箱、蜂具要注意经常清洁消毒。

在消毒方法的使用上，往往也会采用综合消毒法，即 3 种方法交替使用，以提高消毒效果：

(1) 机械消毒法：主要采取清扫、铲刮、擦洗等方法在清除污物的同时，也清除了大量的病原体。这种方法虽然达不到彻底消毒的目的，但可以减少病原体和为杀死病原体扫除一些障碍。

(2) 物理消毒法：物理消毒法有日晒、灼伤、水煮、蒸汽以及紫外线等，比机械消毒效果好。

(3) 药物消毒法：养蜂场可选择本部分附录 B 表 B.3 中允许使用的药物对蜂场的场地、蜂箱、蜂具和蜂室进行消毒。

(六) 对蜂王和蜂群的饲养

按照有机生产国家标准，对蜂王和蜂群的饲养有如下要求：

(1) 鼓励交叉繁育不同种类的蜂群。

(2) 可进行选育，但不应对蜂王人工授精。

(3) 可为了替换蜂王而杀死老龄蜂王，但不应剪翅。

(4) 不应在秋天捕杀蜂群。

【解读】

采用优质蜂王，主要应考虑选用具有优良种性和生产性能的蜂种、采用新蜂王和防止所用蜂种退化等 3 个方面。

采用优良特性的蜂工品种是强群饲养的保证。在蜜蜂饲养中应选用具有产卵力强、群势强大、分蜂性弱、高产、抗病力强等特性的蜂种。

引进的蜂王应在当地养蜂生产中能表现出其优良特性。当蜂场自己培育蜂王时，应注意选择蜂王产卵力强、分蜂性弱、能维持较大群势、高产和抗病力强的蜂群作母群和父群培育新王。

（七）蜂蜡和蜂箱

按照有机生产国家标准，对蜂蜡和蜂箱有如下要求：

（1）蜂蜡应来自有机养蜂的生产单元。

（2）加工的蜂蜡应能确保供应有机养蜂场的巢础。

（3）在新组建蜂群或转换期蜂群中可以使用常规的蜂蜡，但是应满足以下条件：

a）无法从市场上获得有机蜂蜡；

b）有证据证明常规蜂蜡未受有机生产中禁用物质的污染；并且来源于蜂盖蜡。

（4）不应使用来源不明的蜂蜡。

（5）蜂箱应用天然材料（如未经化学处理的木材等）或涂有有机蜂蜡的塑料制成，不应用木材防腐剂及其他禁止使用物质处理过的木料来制作和维护蜂箱。

（6）蜂箱表面不应使用含铅油漆。

【解读】

蜂蜡是由约两周龄工蜂蜡腺细胞分泌的，主要用于筑造巢脾的蜡状物质，也是养蜂业的传统产品之一。

对于科学养蜂来说，蜂蜡是制造巢础必不可少的原料。因此在有机养蜂生产中，更应注意蜂蜡的收集和生产。

蜂箱是蜂群养殖饲养和管理中最基本的设备，也是蜂群生活和生产蜂蜜、蜂王浆、蜂蜡、蜂花粉、蜂胶、蜂毒、蜜蜂虫蛹等蜜蜂产品的固定场所。

（八）蜂产品收获与处理

按照有机生产国家标准，对蜂产品收获与处理有如下要求：

（1）蜂群管理和蜂蜜收获方法应以保护蜂群和维持蜂群为目标；不应为提高蜂蜜产量而杀死蜂群或破坏蜂蛹。

（2）在蜂蜜提取操作中不应使用化学驱除剂。

（3）不应收获未成熟蜜。

（4）在去除蜂蜜中的杂质时，加热温度不得超过47℃，应尽量缩短加热过程。

（5）不应从正在进行孵化的巢脾中摇取蜂蜜（中蜂除外）。

（6）应尽量采用机械性蜂房脱盖，避免采用加热性蜂房脱盖。

（7）应通过重力作用使蜂蜜中的杂质沉淀出来，如果使用细网过滤器，其孔径应大于等于 0. 2mm。

（8）接触取蜜设施的所有材料表面应是不锈钢或涂有有机蜂蜡。

（9）盛装蜂蜜容器的表面应使用食品和饮料包装中许可的涂料涂刷，并用有机蜂蜡覆盖。不应使蜂蜜接触电镀的金属容器或表面已氧化的金属容器。

（10）防止蜜蜂进入蜂蜜提取设施。

（11）提取设施应每天用热水清洗以保持清洁。

（12）不应使用氰化物等化学合成物质作为熏蒸剂。

【解读】

有机养蜂业的目的不仅是为了获得优质、安全、健康的蜂产品，也是为了保护自然和与自然相协调，因此不允许采取人为破坏自然的行为。

某些养蜂场采取只饲养 1 个养蜂季节（半年左右）的方式，到秋季流蜜期结束后便将蜂群杀死，以此来节约蜂群越冬的饲料蜜进而提高蜂群单产，还省去了半年的人工管理，这种做法是不符合有机事业宗旨的，因此在有机蜜蜂养殖中是禁止的。

（九）蜂产品贮存

按照有机生产国家标准，对蜂产品贮存有如下要求：

（1）成品蜂蜜应密封包装并在稳定的温度下贮存，以避免蜂蜜变质。

（2）提蜜和储存蜂蜜的场所，应防止虫害和鼠类等的入侵。

（3）不应对贮存的蜂蜜和蜂产品使用萘等化学合成物质来控制蜡螟等害虫。

【解读】

为确保有机蜂蜜贮存过程中的品质，贮存蜂蜜应在 10℃～20℃，能保持干燥、通风、阴凉，无直射阳光的地方，如有条件在 5℃～10℃的低温下贮存更好。因为低于 10℃时，酵母菌就停止生长，发酵即可停止，能有效防止蜂蜜的发酵和由贮存引起的一些变化。

由于蜂蜜具有吸水性强和吸异味的特性，因此蜂蜜贮存不要与带挥发性气味的物品，如肥皂、汽油等放在一起，以免串味。

三、加工标准的内容与解读

（一）范围和规范性引用文件

GB/T19630 的加工部分，规定了有机加工的通用规范和要求：

1. 本部分适用于以按 GB/T19630-2019 生产的未加工产品为原料进行的加工及包装、储藏和运输的全过程，包括食品、饲料和纺织品。

2. 规范性引用文件：

下列文件对于本文件的应用是必不可少的。凡是注日期的引用文件，仅注日期的版本适用于本文件。凡是不注日期的引用文件，其最新版本（包括所有的修改单）适用于本文件。

GB2721 食用安全国家标准 食用盐

GB2760 食品安全国家标准 食品添加剂使用标准

GB3095 环境空气质量标准

GB4287 纺织染整工业水污染物排放标准

GB5084 农田灌溉水质标准

GB5749 生活饮用水卫生标准

GB11607 渔业水质标准

GB14881 食品安全国家标准 食品生产通用卫生规范

GB15618 土壤环境质量 农用地土壤污染风险管控标准

GB18596 畜禽养殖业污染物排放标准

GB/T18885 生态纺织品技术要求

GB20814 染料产品中重金属元素的限量及测定

GB23350 限制商品过度包装要求 食品和化妆品

【解读】

有机产品应具有良好的可追溯性。因此有机产品的加工者需严格控制有机产品加工、包装、储存、运输过程。有机产品不仅包括有机食品，而是包括有机食品在内所有经过认证的有机产品总称。

有机产品生产过程中，要遵守食品相关的法律法规、标准、规范和相关要求；而添加剂中首先要关注的问题是，是否为食品添加剂，使用非法添加剂是一种违法行为。

（二）术语和定义

在本部分的标准中定义了下列术语：

配料（ingredients）：在制造或加工产品时使用的并存在（包括改性的形式存在）于产品中的任何物质。

食品添加剂（food additives）：为改善食品品质和色、香、味以及为防腐、保鲜和加工工艺的需要而加入食品中的人工合成或者天然物质。

加工助剂（processing aids）：保证食品加工能顺利进行而使用的各种物质，与食品本身无关（如助滤、澄清、吸附、脱模、脱色、脱皮、提取溶剂、发酵用营养物质等）。

【解读】

国际上通常将有机加工中的所有原料统称“配料”，所以在本标准里“配料”是一个添加物质的统称，而非与“主料”相对应。

食品添加剂也是配料的一部分，只是所占的比例都较小，需注意有机产品加工所用的配料有严格的规定。添加剂虽然不是产品主要组成部分，但并不能随意使用未列入标准附录中允许使用的物质或附录中限制使用的物质。

加工助剂在理论上应该在使用结束后全部脱离终产品，因此不应在终产品中存在，但现实中往往难以实现。因此，对使用加工助剂的控制也是有机产品加工管理终的一项重要内容，标准对加工助剂也作了规定。

四、加工标准附录的内容与解读

中华人民共和国国家标准《有机产品生产、加工、标识与管理体系要求》（GB/T 19630—2019）是对以未加工的有机产品为原料，进行加工、包装、储藏和运输全过程的通用规范和要求，包括食品、饲料和纺织品。整个标准分为范围、规范性引用档、术语、定义、要求和附录5个部分。

附录部分由两个规范性附录（附录A和B）和一个资料性附录（附录C）所组成：附录A和B对有机食品和有机饲料加工中可以使用的添加剂、加工助剂和其他物质做出了明确的规定；附录 C 对可能在有机加工中使用的未知添加剂和助剂给出了评估的准则。下文将依次对附录 A、B 和 C 进行解读。

附录 A 中所列物质分为食品添加剂、加工助剂、调味品、微生物制品和其他配料五类。每一类所含物质数量如表 3-1 所示。

表 3-1　附录 A 中每种类别物质所含数量

种类	数量
食品添加剂	38 种
加工助剂	23 种
调味品	3 类
微生物制品	2 类
其他配料	3 类

（一）食品添加剂

本标准中的“表 A. 1 食品添加剂列表”主要有“名称、使用条件、INS”三项内容。“名称”列出了该添加剂的中、英文名称；“使用条件”规定了该添加剂的用途、使用范围和剂量；“INS”是食品添加剂的国际编码。为了让使用标准者更方便地查询标准，确定加工中所需添加剂的范围和用量，根据“使用条件”又可将添加剂分为以下三类，分别对应不同的确定范围和剂量的方法：

（1）已明确规定适用范围和剂量

这一类别在“使用条件”中已明确添加剂的范围及剂量，则实际加工操作中就按照列表中所规定的条件添加。例如二氧化硫使用条件的描述为“用于未加糖果酒，最大使用量为 50mg/L；用于加糖果酒，最大使用量为 100mg/L；用于红葡萄酒，最大使用量为 100mg/L；用于白葡萄酒和桃红葡萄酒，最大使用量为 150mg/L”，那么实际中必须按照此用途和最大使用量进行添加。

（2）规定用于 GB 2760 表 A. 3 所列食品之外的各类食物，按生产需要适量使用

这一类别的“使用条件”有两层要求：一是在 GB 2760 表 A. 3 中所列的

食物是不可以添加此添加剂的；二是如果该食物不在表 A. 3 中，则可按生产需要适量使用。《GB 2760 食品安全国家标准 食品添加剂使用标准》表 A. 3 为“按生产需要适量使用的食品添加剂所例外的食品类别名单”，所列食品共 39 种，具体可查 GB 2760 117—118 页。实际加工操作中，需先根据 GB 2760 表 A. 3 判断要加工食物是否为列表中的食物，如果不是，则可在满足其使用功能的前提下按生产需要适量食用。例如阿拉伯胶使用条件描述为“增稠剂，用于 GB 2760-2011 表 A. 3 所列食品之外的各类食品，按生产需要适量使用”，想要将其应用于巧克力中先需查阅表 A. 3 是否包括巧克力，经查阅发现表中没有巧克力，那么其添加剂量按生产所需适量使用。

但在此要注意的是，由于有机终产品中的有机配料所占质量或体积不得少于 95%，所以如果添加剂是非有机的，那么其添加量最多也不应超过 5%。

（3）“使用条件”规定按 GB 2760 限量使用

这一类别“使用条件”明确了添加剂的使用范围后，对其添加剂量规定“按 GB 2760 限量使用”。实际加工操作中，添加剂量应以 GB 2760 中表 A. 1 中查询到“最大使用量”为最大限度。《GB 2760 食品安全国家标准 食品添加剂使用标准》表 A. 1 为“食品添加剂的允许使用品种、使用范围以及最大使用量或残留量”，其包括了所有可用的食品添加剂。例如二氧化硅使用条件描述为“用于脱水蛋制品、乳粉、可可粉、糖粉、固体复合调味料、固体饮料类、香辛料类，按 GB 2760-2011 限量使用”，则将其分别用于上述产品时，查询 GB 2760 表 A. 1 得到的“最大使用量”。

（二）加工助剂

本标准中“表 A. 2 加工助剂列表”主要内容也是“名称、使用条件、INS”这三项。同样，根据“使用条件”可将其分为两类，方便查询、确定使用范围及剂量。

（1）残留量不需限定

这一类加工助剂在“使用条件”中只说明了用途，而没有对范围及剂量作出规定，则在实际加工操作中，不需要考虑其残留量问题。例如硅藻土使用条件描述为“过滤助剂”，由此得知硅藻土是可以作为过滤助剂在有机食品加工中应用的。

(2) 规定了功能及范围

这一类加工助剂在“使用条件”中明确了其用途及使用范围。实际操作中，添加剂量需查询 GB 2760 表 C. 2。《GB 2760 食品安全国家标准 食品添加剂使用标准》表 C. 2 为“需要规定功能和使用范围的加工助剂名单（不含酶制剂）”，具体可查 GB 2760 185—189 页。例如食用单宁使用条件描述为“助滤剂、澄清剂、脱色剂，黄酒、啤酒、葡萄酒和配制酒的加工工艺、油脂脱色工艺”，GB 2760 表 C. 2 中使用范围规定也一样，则实际应用中按此执行即可。

（三）调味品

本标准中的调味品包括香精油、天然烟熏味调味品和天然调味品三类，它们均为天然物质。由于标准中并未列出可以使用的调味品列表，所以实际加工操作中可用调味品需查询 GB 2760 表 B. 2。《GB 2760 食品安全国家标准 食品添加剂使用标准》表 B. 2 为“允许使用的食品用天然香料名单”，其给出了所有可食用安全香料的中、英文名称和 FEMA 编号。

（四）微生物制品

本标准中的微生物制品包括天然微生物及其制品和发酵剂两类。由于标准中也未列出可以使用的列表，所以实际加工操作中可用微生物制品需查询 GB 2760 表 C. 3。《GB 2760 食品安全国家标准 食品添加剂使用标准》表 C. 3 为“食品用酶制剂及其来源名单”，其给出了所有可使用微生物制品的名称、来源及供体。

（五）其他配料

本标准中的其他配料包括饮用水、食用盐和矿物质和维生素三类。其中，饮用水应符合《GB 5749 生活饮用水卫生标准》；食用盐应符合《GB 2721 食用盐卫生标准》；矿物质（包括微量元素）和维生素的使用应在满足标准要求条件的前提下，通过查询《GB 14880 食品营养强化剂使用标准》来确定其使用范围及剂量。

附录 B 给出了有机饲料加工中允许使用的添加剂列表，列表主要有名称、说明和 INS 号三项内容。其中，“说明”给出了某添加剂的使用目的及范围，但并未对使用剂量做出说明，则在实际加工操作中，需查询《饲料添加剂安全使用规范》确定某添加剂的使用范围和剂量。

附录 C 为资料性附录，它给出了评估有机加工添加剂和加工助剂的准则，即当某种物质未列入附录 A 和附录 B 中时，可以根据本部分进行评估，以确定其可否加入可使用列表。整个评估准则由原则、核准条件和使用的优先级三项组成。

整个评估的原则在满足其两项要求之外，最核心的是“只有在必需时才可在有机生产中使用”。在核准添加剂和加工助剂的条件中列出了共 7 项条件，即当要评估某项新物质时，必须一一对应 7 项条件看是否都满足。

最后是使用添加剂和加工助剂的优先级在实际加工生产中，当有多种物质同时满足上述条件且达到相同效果时，使用它们的优先级如下：

（1）有机作物、产品，不添加其他物质，例如面粉。

（2）机械或简单物理方法生产的动、植物食品，例如食盐。

（3）物理或酶法生产的单纯食品成分，例如果胶。

（4）非农业源原料的提纯产物和微生物，例如酵母培养物。

同时，本部分也规定了在有机产品中不允许使用的物质，非天然、转基因和合成物质在列。

五、标识与销售标准内容与解读

本部分标准它规定了有机产品标识和销售的通用规范及要求，在有机产品的标识和销售的环节都应该满足本部分的规范要求。

至于具体的有机产品，如蔬菜、水果、肉品、粮食、油料等或以有机产品为原料的加工产品，除符合本标准规定的通用规范及要求外，还应符合特定产品标识的法律法规和相关的标准要求。

此部分标准还规定了标识、认证标志、销售等专业术语的定义，有利于标准查询者对概念的理解以及增进了标准使用者对下半部分标准的准确理解，方便使用。

（1）产品的标识要求

有机产品应按照国家有关法律法规、标准的要求进行标识。

中国有机产品认证标志仅应用于按照本标准的要求生产或者加工并获得认证的有机产品的标识。

有机配料含量等于或者高于95%并获得有机产品认证的产品，方可在产品名称前标识“有机”，在产品或者包装上加施中国有机产品认证标志。不应误导消费者将常规产品和有机转换期内的产品作为有机产品。

标识中的文字、图形或符号等应清晰、醒目。图形、符号应直观、规范。文字、图形、符号的颜色与背景色或底色应为对比色。

进口有机产品的标识也应符合本标准的规定。

【解读】

有机产品可分为加工和不加工产品，而加工产品中又可分为简单加工和复杂加工产品。

根据GB/T19630.2的规定，对于加工产品而言，在所使用的全部配料中，有机配料的比例必须大于或者等于95%，这样的产品才可被认证为有机产品，其产品名称前才可以标识“有机”字样，其产品或包装上才可以加施“中国有机产品认证标志”。另外，产品或包装上还必须标注认证机构名称和（或）认证证书编号。由于不对水和食盐进行有机认证，因此在计算有机配料比例时不得将水和盐计算在内，这也是国际通用的做法。例如，在苹果果汁饮料中有89%的水、9%的有机果汁和2%的常规糖，如果将水计算为有机成分，则该产品的有机成分为98%，完全可以认证为有机苹果果汁，但是却并不符合规范要求。

若将水算成常规配料，则该产品的有机成分只占9%，显然也不合理。如果不将水计入，则该产品的有机配料比例为81.81%，这样计算就比较合理了。

对于有机配料含量低于95%、等于或者高于70%的产品，由于有机配料占全部配料的比例较低，不能被称作“有机产品”，而只能标识“有机配料生产”。

但如果仅仅标示这样的字样，消费者无法知道产品中具体含有多少有机成分，而95%与70%还是有很大区别的，因此，应当把有机配料占全部配料的百分比标注出来。

这类产品与有机配料占95%以上产品的区别：

一是名称上的不同，即后者可以标识为“有机”，而前者只可以标识为“有机配料生产”；

二是前者在其包装上不允许加施中国有机产品标志，消费者看到的只是文字标识和百分比的说明；

三是认证机构无法对前者实施认证，因此这类产品就不能被作为有机产品销售。

在很多情况下，这类产品仍很受消费者欢迎。例如，一种姜糖产品是由75%的有机生姜和25%的常规糖加工而成的，虽然不能被认证为有机姜糖，但消费者仍十分青睐这种产品，因为他们知道里面的生姜是经过有机认证的，消费者依然又购买意愿。

对于有机配料含量低于70%的加工产品，只允许在产品包装或标识中的配料表上将配料中获得认证的有机配料标识为“有机”，并注明这些有机配料的比例。在这类产品的包装上，对有机配料的描述应与对常规配料的描述一样，不可对有机配料作醒目的标注，以免误导消费者。

由两种及两种以上有机配料加工成的食品必须在产品的外包装上，按照由多到少的顺序，逐一列出各种配料的名称及所占的重量百分比，并注明通过有机认证的部分。

（2）有机配料百分比的计算

①有机配料百分比的计算不包括加工过程中及以配料形式添加的水和食盐。

②对于固体形式的有机产品，其有机配料百分比按照式（1）计算：

$$Q = \frac{m_1}{m} \times 100\% \qquad (1)$$

式中：

Q—有机配料百分比；

m_1—产品有机配料的总质量，单位为千克（kg）；

m—产品总质量，单位为千克（kg）。

注：计算结果均向下取整数。

③对于液体形式的有机产品，其有机配料百分比按照式（2）计算（对于

由浓缩物经重新组合制成的，应在配料和产品成品浓缩物的基础上计算其有机配料的百分比）：

$$Q = \frac{V_1}{V} \times 100\% \qquad (2)$$

式中：

Q—有机配料百分比；

V_1—产品有机配料的总体积，单位为升（L）；

V—产品总体积，单位为升（L）。

注：计算结果均向下取整数。

④对于包含固体和液体形式的有机产品，其

有机配料百分比按照式（3）计算：

$$Q = \frac{m_1 + m_2}{m} \times 100\% \qquad (3)$$

式中：

Q—有机配料百分比，单位百分比（%）；

m_1—产品中固体有机配料的总质量，单位为千克（kg）；

m_2—产品中液体有机配料的总质量，单位为千克（kg）；

m—产品总质量，单位为千克（kg）。

注：计算结果均向下取整数。

【解读】

在计算过程中，要特别注意的是，在一些由浓缩物加入水或其他物质重新组合制成的液体食品中，只计算除水以外的配料和浓缩物的有机百分比。

例如：生产一种有机果汁蜂蜜饮品，生产者将8%有机浓缩果汁加入12%有机蜂蜜、1%常规白糖和79%的水，并按照工艺流程，加工成产品，那么，该产品的有机配料百分比只计算浓缩果汁（8%）、蜂蜜（12%）和常规白糖（1%）三种原料中的有机配料的百分比，即该有机果汁蜂蜜饮品中有机配料的百分比为95.2%，根据标准要求，将结果向下取整后，有机配料的百分比应确定为95%，仍符合有机产品认证的要求。

但如果计算的结果显示有机配料的百分比是94.95%，则根据标准规定，该产品的有机配料比例只能向下取整，则该产品的有机配料百分比只能确定为94%，因此只能被标注为“有机配料生产”。

国内市场上已出现有机认证的饮料，由于水不能作为配料计算，因此，尽管饮料中除水以外的配料的比例相当低，也必须将这些配料作为全部配料来计算其百分比。

例如：一种有机茶饮料的配料中含有茶叶、糖两种配料，则不但茶叶需要是有机的，糖也必须是有机的，除非所用糖的比例不超过 5%，但这是不可能的，因为茶叶在进入饮料加工工序后，其在最终的饮料产品中究竟有多少重量是无法计算的。即使可以计算，由于进入饮料的糖只有茶叶和糖两者总重的 5%，根本不可能产生什么甜味，因此在这种情况下，如果需要加糖，则必须也是有机的。

（3）中国有机产品认证标志

①中国有机产品认证标志的图形与颜色要求如图 3-1 所示。

图 3-1　中国有机产品认证标志的图形与颜色要求

②标识为“有机”的产品应在获证产品或者产品的最小销售包装上加施中国有机产品认证标志及其有机码（每枚有机产品认证标志的唯一编号）、认证机构名称或者其标识。

③中国有机产品认证标志可以根据产品的特性，采取粘贴或印刷等方式直接加施在产品或产品的最小销售包装上。不直接零售的加工原料，可以不加施。

④印制的中国有机产品认证标志应当清楚、明显。

⑤印制在获证产品标签、说明书及广告宣传材料上的中国有机产品认证标志，可以按比例放大或者缩小，但不得变形、变色。

【解读】

本条款规定了中国有机产品认证标志的图案和使用规范。中国有机产品认证标志为固定标志，任何使用者都不能对其使用图形、字体、颜色等进行改动。如果在产品说明书、标签或广告宣传材料等物品上印刷这两种标志，可以按比例放大或缩小标志，但不能改变形状、图案和颜色。

中国有机产品认证标志由外围的圆圈、中间的种子、种子外的环行线条构成。外围的环形圆圈形似地球，象征人类生活的星球的自然与和谐，环形中用中文和英文分别写着“中国有机产品”，有利于消费者识别，同时与国际社会的有机食品在名称上统一。标志中间的种子图形寓意着有机食品是从种子阶段就开始的全过程认证，同时意味着中国有机产品就像种子，蕴涵着勃勃生机。种子外的环行图案象征道路，与种子图案合起来构成汉字“中”的图案，体现中国的有机产品根植中国，具有中国特色，中国有机产品的发展道路越走越宽。同时，平面的环形道路图案可以看成是英文字母 C，种子的形状是英文字母 O，二者合起来代表“China Organic”。

有机产品标志中的绿色环代表保护、健康和希望，表示有机产品给人类及其生存环境带来保护、健康和希望；橘红色代表旺盛的生命力，表示有机产品可持续发展的作用。

标识为“有机”的产品应在获证产品或者产品的最小销售包装上加施中国有机产品认证标志及其唯一编号、认证机构名称或者其标识，缺一不可。

标识为“有机转换”的产品应在获证产品或者产品的最小销售包装上加施中国有机转换产品认证标志及其唯一编号、认证机构名称或者其标识，缺一不可。

在中国有机产品认证标志的使用方法上，可以根据产品的特性，采取粘贴或印刷等方式。

（4）销售

①为保证有机产品的完整性和可追溯性，销售者在销售过程中应采取但不限于下列措施：

—应避免有机产品与常规产品的混合；

—应避免有机产品与本标准禁止使用的物质接触。

—建立有机产品的购买、运输、储存、出入库和销售等记录。

②有机产品销售时，采购方应索取有机产品认证证书、有机产品销售证等证明材料（使用了有机码的产品销售时，可不索取销售证）。

③有机产品加工者和有机产品经营者在采购时，应对有机产品认证证书的真伪进行验证，并留存认证证书复印件。

④对于散装或裸装产品，以及鲜活动物产品，应在销售场所设立有机产品销售专区或陈列专柜，并与非有机产品销售区、柜分开。应在显著位置摆放有机产品认真书复印件。

⑤在有机产品的销售专区或陈列专柜，应在显著位置摆放有机产品认证证书复印件。

【解读】

销售是有机产品整个生产、加工、贸易过程中的最后一个环节，如何确保在销售过程中也确保产品的有机完整性，其重要性并不亚于其他环节，因为任何环节的失误都会造成产品有机完整性的缺损。

标准的上述条款规定了在有机产品的销售过程中确保产品有机完整性的基本要求。有机产品与非有机产品混合的情况往往发生在散装产品的销售过程中。

例如把有机苹果与常规苹果放在同一个柜台销售，那么消费者在挑选产品时就不易区分。因此，必须采取严格的措施将有机与非有机产品分隔开来。

此外，在销售过程中还应避免使有机产品与禁用物质接触，例如商场在采取清洁措施时往往会使用一些清洁剂，而多数清洁剂都是有机产品标准中禁止使用的，因此不但在对有机产品区实施清洁时不能使用这些物质，而且在常规产品区实施清洁措施时也应特别注意防止影响到有机产品区。

为确保购买的有机产品的真实性，销售商在购进有机产品时不但应向产品供应者核实其持有的有机产品认证证书，而且还应仔细核对证书的有效期、产品品种、数量等内容，以确保证书的有效性。

如果证书已经到期，而供货方不能出示新的有效证书，则应拒绝接受所提供的产品。如果所提供的产品与证书上的品种不一致，或者销售方所提供的产品数量超过了证书上的数量，则也应拒绝接受。在多数情况下，销售方提供的产品数量一般不会超过证书认证量，这种情况下，销售量是由认证机构来控制的。

有机产品销售证是认证机构在获证者销售每批产品时所提供的证明，因为销售证书上明确标示了允许销售的有机产品的数量，认证机构可以根据历次销售证开具的数量总和与认证证书上的认证量进行比照，如果销售总量超过了颁证量，就会拒绝颁发新的销售证，从而将产品销售量控制在颁证数量范围内。实施销售证制度除了可以保护消费者的利益外，实际上还可以起到保护获证者利益的作用，因为假冒的产品是不可能得到认证机构出具的销售证书的。而没有销售证书，按照规定，销售方就不能收购该产品，从而这一措施既起到了保护消费者的作用也起到了保护获证者的作用。

原则上说，凡是在 CNCA 注册并获得 CNAS 认可的认证机构所认证的有机原料都可以被另一家具有相同资质的认证机构所接受，并作为其认证的加工产品的原料。标准认证的产品，除非该产品又获得了我国有机产品标准的认证，否则是不能被接受作为加工有机产品的原料的。今后如果我国实现了具体的国际间互认，则届时就可以根据互认协议有条件地接受其他系统认证的产品作为加工原料。

产品如果被标识为“有机配料生产”，则采购方应要求供货方提供能证明其有机配料来源的证明材料，主要是有机配料的认证证书以及销售证。

销售商如果对计划购买的产品存有一定的疑虑，则应就有机产品认证证书、有机产品销售证以及有机配料来源证明材料的真实性向相关认证机构或政府监管部门进行查询和证实。

对于供货方提供的认证证书、销售证以及其他证明材料，销售方应当保存复印件，一方面是为了有据可依、有案可查，可以作为公司自己的跟踪档案的一部分，另一方面则是在一旦产品出现问题的时候可以有供审核的依据，有利于分清职责，追查责任。

标准规定有机的散装、裸装以及鲜活动物产品必须有销售专区或陈列专柜，与非有机产品销售区有明显的划分，并在显著位置摆放有机产品认证证书复印件，这是因为散装、裸装和鲜活动物如果不采取专区或专柜销售就很容易与常规产品混杂或受到常规产品影响。标准没有强调要对包装好的产品设专区、专柜，也没有强调用有机产品认证证书复印件来证明其身份，这是因为这些产品已经有外包装保护，而且可以在外包装上印制或加施有机认证标志和相关信息。

六、管理体系的内容解读

（1）范围、规范性引用文件、术语和定义解读

这四个成员是有机产品管理体系必不可少的组成部分，并对有机产品生产者、加工者、经营者，以及内部检查员的定义进行了规定。

（2）通则、文件要求解读

文件内容的详细及明确能够给使用者提供便利，增强文件的实用性和可操作性。文件的有效性，有利于明确以及及时地更改使用的具体方法。生产单元或加工、经营等场所的位置图，让生产单元或加工经营等场所更加明确，能够给使用者提供便利。有机产品生产、加工、经营管理手册，有利于做到产品可追溯，促进有机产品生产、加工、经营的便利管理。记录为有机生产、加工、经营活动提供有效证据。

（3）资源管理解读

有机产品生产、加工、经营者应具备的资源。有利于更加明确有机产品认证的基础要求，使认证资格的要求更加标准化。

（4）内部检查解读

内部检查员的重要性是毋庸置疑的。内部检查员是企业管理体系的重要组成部分，对管理体系的修改完善以及对企业生产加工过程的内部检查具有重要作用。

（5）可追溯体系与产品召回解读

提高消费者信任，有利于产品的品质提高和企业的不断完善，解决了产品出现问题却无法追溯的状况。

（6）投诉解读

更好地服务消费者，有利于管理体系的自我完善。

（7）持续改进解读

为了不断完善和提高有机生产、加工和经营管理体系的有效性，使有机

产品管理体系更加健康的发展，规定了有机生产、加工和经营者持续改进的相关要求。

第三节 欧盟有机标准解读

一、农业生产总则

整个农业实体应按照有机生产要求进行管理。然而，在特定条件下，一个没有完全按照有机生产管理的实体可以分成多个明确隔离的单元或者水产品生产场所，分别进行有机管理和非有机管理。在这些单元中的动物养殖，应采用不同品种的动物。对于水产养殖，可以养殖同一品种，前提条件是不同生产场所之间有充分的隔离设施。对于植物生产，应采用不同品种且易于区分的植物进行生产。

二、转换期相关规定

转换期开始时间最早可以从权威机构通知之日算起；转换期内必须完全按照本标准有机农业的要求进行管理；如果一个农场同时生产有机产品和转换期产品，它应具有独立和完整的记录体系，明确区分有机与转换期产品；根据不同作物生产特点和动物饲养类型规定转换期的长短。

（一）植物和植物产品

欲被认证为有机的植物和植物产品，如果是非多年生植物至少为前 2 年；对草场和多年生饲料作物而言至少为作为有机饲料使用前 2 年；对饲料作物以外的其他多年生作物而言至少为收获前 3 年。

土地是根据环境保护条例或其他官方等同项目的操作方式进行管理的，前提是所采取的操作未使用有机生产中禁用的物质。该地块是未使用本有机生产标准禁用物质处理过的自然区域或农业用地。所指能够被追溯为转换期的一部分的时期，前提是操作者能够向权威机构提供充分证据证明至少在过去 3 年的时间内该地块未经有机生产禁用物质处理过。

（二）海草

海草收获场所的转换期为 6 个月，海草养殖单元的转换期应当长于 6 个月或者是一个完整的生产周期。

（三）淡水或盐水中的微藻类

微藻类收获场所转换期为 6 个月，微藻类养殖单元的转换期应当长于 3 个月或者是一个完整的生产周期，并且应该从一个干燥的、完整的、有清洗装置记录的单元开始。

（四）畜禽及其产品

肉用的马科动物和牛科动物，包括野马和野牛转换期为 12 个月，或者全部生命周期的 3/4 时间。小型反刍动物、猪和奶用动物则为 6 个月。肉用禽类为 10 周，但是必须在 3 日龄之前引入。蛋用禽类是 6 周。如果非有机畜禽属于一个刚刚开始转换的农场且农场中所有生产单元包括畜禽、牧场用于畜禽饲料生产的所有土地同时开始转换，则其产品可以认证为有机产品。畜禽及其后代、牧场和所有用于饲料生产土地的共同转换期可以缩短为 24 个月，前提是畜禽饲料主要是来源于此生产单元内部。

三、植物生产原则

（一）植物生产一般原则

有机植物生产应采取有利于保持和增加土壤有机质、提高土壤稳定性和生物多样性、防止土壤板结和流失的耕作及栽培方法；通过实施包括豆科作物和其他绿肥作物等多种一年生作物的轮作，以及使用来自有机生产的经过充分腐熟的畜禽肥料或者有机肥料，来保持并增强土壤肥力和土壤生物活性；允许使用生物动力学制剂；在一定特殊生产规则下可以进行平行生产（生产者可以在同一区域同时进行有机和非有机生产）。

（二）土壤管理和施肥

生产者不得使用化学氮肥，且所有种植技术应防止和最大限度减少对环境的污染。如规定的方法无法满足植物的营养需求时，有机生产中仅可使用本标准涉及的肥料和土壤调节剂，并在必要的规定范围内使用。操作者应保留必需使用这类产品的书面证明。此外，每年每公顷的土地上施氮含量不得超过 170kg。有机产品生产者可以与其他遵守有机生产规定的生产者或者企业达成书面的合作协议，以达到分散有机生产中过剩肥料的目的。可以适当使用微生物制剂来改善土壤的总体条件，或者增加土壤或作物中养分的有效性。为使堆肥充分腐熟，可使用适当的植物制剂或微生物制剂。

（三）病虫害和杂草管理

预防病虫害和杂草造成的损害应主要依靠自然天敌，物种和品种的选择，作物轮作，栽培技术和热处理。在诱捕器和散发器中使用的产品，除了信息素散发器，应该防止诱捕器、散发器中的药品释放到环境中，也要防止药品与周围农田作物的接触。诱捕器必须使用后回收并进行安全处理。在相关条款适用的情况下，并且事先获得授权才可以在作物生产中使用产品清洁剂和消毒剂。

（四）种子

在常规情况下，除了种子和植物繁殖材料外，其他产品的生产只能使用有机生产的种子和繁殖材料。为此，种子的母本、繁殖材料的亲本至少有一代是按照本标准要求生产的，如果是多年生作物则至少有两个生长季节是按照本标准要求生产的。

四、野生采集

自然生长在自然区域、森林和农业区的野生动物及其部分的采集要被认证为有机生产需要提供以下信息：该地块在采集前从未或至少三年未经禁用物质处理的证明；采集活动未影响到自然生态环境的稳定或采集地区物种的维持；采集者需要被当地负责采集区域可持续发展的专家培训和监督；如有相关情况，需要提供当地主管部门开具的允许采集的证明，以及允许采集的最大数量；采集的产品不能包含被保护的物种及国家法律禁止采集的产品。

五、食用菌生产的特殊规定

食用菌的生产，可以使用培养基质，前提是基质只来源于农家肥和动物粪便；或者来源于按照有机生产方法生产场所；或者在没有上述规定的产品的前提下，使用附则 I 中规定的物质，在堆制前，不包括覆盖物和添加水分，最多不超过基质总重量的 25% 下列部分、其他按有机方式生产的农产品、未经化学处理的泥炭、砍伐后未经化学产品处理的木材、附则 I 中列出的矿物产品，水和土壤。

六、藻类的生产规定

操作应该位于不受非有机产品污染的区域或者不会影响有机生产的区域。有机和非有机单元之间需要有充分的隔离。这种隔离应该是基于自然条件，隔离的配水系统，距离，潮汐和潮流规律，上游、下游环境状况。

对于全新的操作者或者在每年海藻和水产生产超过 20 吨的情况下应当提供环境影响评估报告，用于验证生产单元的合适的产量和生产单位操作可能造成的直接影响。同时应当提供适于水产养殖和藻类生产可持续的管理计划。这个计划应该每年更新，应该详细描述活动对环境的影响、应该进行环境监测，并且列出为了减少对周围水生和陆地环境的影响而采取的措施，包括每个生产周期或每年排放到环境中营养物质。这个计划应该记录技术设备的检测和修复。

水产和海藻经营者应当优先使用可再生能源（太阳能水泵、光伏太阳能电池板、太阳能热水器、风力涡轮机、水电涡轮机、沼气发动机）。在淡水或微咸水的微藻类生态系统中，至少有一个可再生能源，安装后最多不超过 5 年。在可能的情况下，利用余热应当限于能源来自可再生能源。只有在 5 年内可再生能源才可以被授权使用于生产微藻的淡水或半咸水的加热。水产养殖和海藻经营者应当优先回收材料，并且在开始操作时就将减少废物计划作为可持续管理计划的一部分。

野生海草（淡水或盐水中的海藻和微藻）的可持续开采的采集操作应不影响采集区域天然栖息环境的长期稳定发展和物种的维持。生产单元应该保持保存文件记录，使操作者能够辨识，采集时应保证采集量不会对水生环境产生明显的影响。采取保护措施，例如采集技术、最小尺寸、年龄、再生周期或者残留海草的尺寸等，以确保海草可以再生。

如果海草来源于共享或共同采集区域，应当提供总的采集量符合本条例的采集证明文件。这些记录应该提供可持续管理和对采集区域没有长期影响的证明。对于淡水或盐水中的野生微藻的采集，采集区域应当远离可能导致化学或细菌污染的源头。

天然生长在海里的海草及其部位的采集可以认为是有机生产，但前提是：生长区域生态环境质量优良，满足欧盟议会和理事会 2000 年 10 月 23 日发布的 EC2000/60 指令关于水政策的要求。

关于海草生产，从幼草采集到收获的所有生产阶段进行的操作必须是可持续的；确保维持野生基因库，野生幼草的采集只是室内培养的补充。海水养殖海草只能利用环境自身产生的营养物质，或者来源于有机水产动物养殖，最好能就近组成混养系统。除了室内栽培以外，不能使用投入物。并且应当记录养殖密度或者运行强度，并维持水生环境的完整性。应确保在对环境不造成负面影响的前提下，海草的最大养殖数量不超过规定。养殖海草所用的绳索和其他设备在可能的情况下应当循环利用。

七、动物养殖条例

除了按照农业生产总则进行生产以外，有机牲畜生产还应基于以下生产原则。

（一）动物来源

应当选择合适的品种。品种的选择还应有利于预防任何痛苦和避免对动物残害的需要。在选择品种或品系时，必须注意品种应有适应地方条件的能力及其本身的生命力和抗病能力。另外，注意避开集约化生产条件下产生的特定疾病或与一些品种或饲养难度有关的健康问题，例如猪的应激综合征症、灰白水样肉综合征、暴死、自然流产、需要剖腹手术的难产。优先选择本地品种和品系。

有机牲畜必须在有机场所出生并饲养。出于繁殖目的，只有当无法获取足够数量的有机动物并符合相关规定，才可允许非有机饲养的动物进入养殖场所。

当初次组建哺乳类动物牧群时，非有机哺乳动物的幼畜将被从断奶时即按照有机生产标准饲养。并且，下面的限制将于动物进入牧群之日开始适用：水牛、小牛和小驹不能超过 6 月龄；羊羔和小鸡不能超过 60 日龄；小猪不能超过 35kg。

为了畜群或禽群的更新，非有机成年雄性和未生育雌性哺乳动物将逐渐按照有机生产标准饲养。此外，每年引进的雌性哺乳动物数量需要遵循下列限制：每年最多可从非有机农场引进 10% 的成年马或牛，包括水牛和野牛，20%的猪、绵羊和山羊；上述百分比不适用于 10 头以下的马群或牛群，以及 5 只以下的猪群、绵阳群或山羊群的生产单元。对于这些生产单元，任何上述牧群更新都将被限制到每年最多引进 1 个动物。

家禽禽群第一次组建、更新或重组时，如果无法获取足够数量的有机家禽，非有机家禽可以被引入进有机家禽饲养单元内，要求蛋禽和肉禽应当小于 3 日龄。

（二）牲畜圈舍和饲养管理

饲养人员必须掌握保证动物健康和福利等方面的知识和技能。

进行养殖管理时，应注意包括养殖密度、圈舍条件，确保满足动物生长、生理和行为的需要：畜禽圈舍的保温、采暖和通风必须保证空气循环，尘埃、温度、空气湿度和气体浓度保持在不会对动物造成伤害的限度内，且应具有充分的自然光照条件；对于适宜气候条件能够确保动物在室外生活的地区，圈舍不是强制的；圈舍中的养殖密度要能够满足提供舒适、福利和动物的物种特异性的需求，尤其是物种、品种以及动物年龄。圈舍还需要考虑到动物的习惯需要，尤其要考虑到群体的大小和动物的性别。养殖密度需要确保动物福利，通过提供足够自然站立的空间，容易躺下、转身、清洁自己，承担所有自然的姿势和完成所有自然的运动例如伸展活动和震动翅膀。

圈舍的地面必须平坦但不能太滑，且地面至少有一半是固定的，不是板条或格栅结构。同时必须提供足够大的舒适、清洁的躺卧或休息区域并且是坚固结构而非格栅建成的。休息区域必须有足够的干草作为垫料，合适的天然物质组成，并富含一定的矿物质。

小牛一周龄以后不应在单个围栏里饲养；母猪在育种期间必须群养，除非在怀孕的最后阶段和哺乳期；不应将仔猪在平板或者笼中饲养；对于猪类的动物来说，活动场所必须允许排便和拱土。为了达到拱土的目的可以使用不同的基质。

此外，家畜需要能够随时在户外区域，在天气条件和地面条件允许的情况下，进行放牧（如果是食草型动物应该放牧），除非国家法律规定了有关保护人类和动物健康的限制和义务。

成年牛最后的育肥阶段可以在室内进行，但室内期不超过它们整个生命过程的1/5，并且不管在任何情况下，最长期限不能超过3个月。由于涉及土壤侵蚀，或由动物及其粪便的蔓延引起的污染，牲畜头数应限制在一定范围以减少过度放牧（总放养密度为不超过每年170公斤氮的限制），以保证牲畜的适当密度，并且禁止无土地畜牧业生产。

非有机畜牧业可能会出现在提供租种服务的土地上，它们依照有机生产规则被饲养在与生产单元分离的建筑物和地铁上，也包括不同的物种。有机畜牧业应与其他畜牧保持分离。但是，在一定的限制条件下，有机动物的共同土地放牧和非有机动物的有机土地放牧是允许的：非有机畜牧业每一年可使用有机畜牧业的一段有限的时间，只要这种动物来自一定的农业系统，并且有机动物不在同一时间出现在牧场；在常规地块放牧的有机动物，则必须提供该地块至少三年内没有使用过未被授权的有机产品证明，且任何使用该地块的非有机动物来源于一个农场系统；可以采取这样的农场发展方案保护及改善环境，如较高自然价值农场环境的养护，低强度放牧系统管理，地表植被的维护保养，动物福利的改进。来自有机动物的任何牲畜产品，虽然使用这个地块，但是不应被认为是等同于有机生产，除非可以证明其与常规生产动物进行了隔离。

在动物迁徙期间，动物从一个放牧点走到另一个放牧点时可能存在食用了非有机的地块的牧草。进食的非有机饲料包括草和其他植被，在此期间不得超过每年总饲料的10%。总饲料应该由农业生产最初的食用饲料的干物质百分比计算。

动物的拴养或单栏饲养是被禁止的，但在限定的时间内，对动物个体以正当的理由以对动物安全、福利和诊疗等原因的情况除外。

（三）动物管理

在畜禽运输过程中应限制动物承受的压力，将持续时间缩短到最短。在动物的一生中，都应尽量减少其痛苦和身体伤害，包括屠宰时：在有机农场不应系统性地使用诸如绑扎羊尾、断尾、断牙、断喙和去角的做法，但如果为了安全或者为了改善畜禽的健康、福利或卫生状况，在取得放宽授权后，可以实施，但仅属于特例。上述的操作必须在动物适当的年龄由专业人员执行，并且实施适当的麻醉、镇痛操作以尽量减轻动物的痛苦。动物的装卸过程禁止使用任何种类的电刺激胁迫动物，在运输前和运输过程中禁止使用对抗疗法的镇静剂。

在进行畜禽养殖时，建议采用自然繁殖方法，但允许进行人工授精。但不能使用其他的人工繁殖方法，如克隆和胚胎移植。不能使用激素及其他类似物质控制繁殖或用于其他目的（对单个动物的兽医治疗的情况下除外）。

（四）饲料

饲料来自自有农场或其他有机农场（畜禽的饲料应主要通过本养殖场饲料生产基地或其他同一地区有机农场获取）。对于草食性动物，除了每年的季节性迁移期，至少60%的饲料应来源于自己的农场，如果不能，则应联合同一地区的其他有机农场生产饲料。对于猪和家禽，至少20%的饲料应来源于自己的农场，如果不能，应联合同一地区的其他有机农场或饲料经营者生产饲料。

畜禽应饲喂有机饲料来满足其各个生长阶段的动物需求。应用优于天然奶或使用母乳饲喂幼畜。哺乳期的最短时间：牛和马属及类似动物3个月，绵羊和山羊45天，猪40天。应给畜禽配备永久牧场和饲喂的粗饲料：对于草食动物，饲养体系必须依据全年当中不同时期牧场的可用性确定的牧草最大使用量来建立。草食动物的日粮中至少60%（以干物质计）由粗饲料、新鲜或干饲料或者青贮饲料组成。在奶用动物生产中，最多可以在哺乳期的前3个月允许将此比例减少到50%（干物质计）。猪和家禽的日粮中应添加粗饲料、新鲜或干饲料或青贮饲料。禁止在饲养过程中的任何一个阶段应用引起畜禽贫血的饲养条件和饲料。在可接受限度内允许育肥，禁止强迫饲喂。

口粮中可以包含部分来自转换期生产单元的饲料：转换期饲料占总饲料的比例最多可达30%。如果转换期饲料来自自有的生产单元，此百分比可增加到100%。如果饲喂牲畜所用饲料是本牧场自身的且不属于近5年内从事有机生产单元的一部分，第一年转换期内，20%的饲料可源于放牧、收割永久牧场的牧草、多年生牧区的牧草或者有机管理的蛋白作物。

对于猪和禽类，当养殖户无法保障所有蛋白饲料都是来自有机生产体系时，可以使用一部分非有机的蛋白饲料：但其生产或制备过程中保证没有使用化学溶剂；每12个月的周期中授权使用的非有机蛋白饲料的比例最高为5%。此数值根据每年农业来源的饲料干物质百分比计算；操作者必须对此保存文件记录。

对于来自可持续渔业的产品，要求其在生产或制备过程中没有使用化学溶剂；仅用于非草食动物；鱼类蛋白水解产物只能用于幼年动物。

（五）疾病预防和兽医治疗

关于疾病预防，疾病必须建立在品种和品系的选择、饲养管理操作、高质量的饲料和适当的饲养密度以及宽敞合适的保持卫生条件的圈舍上；禁止使用化学合成的对抗性兽药或抗生素进行疾病预防。禁止使用促进生长或生产的物质（包括抗生素、抗球虫剂及其他促生长的人造助剂）。从非有机单元引入的牲畜，可根据当地的环境状况采用特殊的方法如筛选试验或检疫期进行疾病预防。

关于清洁和消毒，圈舍、围栏、设备和用具必须进行适当的清洁和消毒，以防止交叉感染及牲畜发病。粪便、尿、吃剩的或弄洒的食物必须经常打扫移除，以减少气味，避免吸引昆虫或啮齿类动物；每一批家禽出栏后，畜禽必须清空，对舍内及其设施进行清洁和消毒。在完成一批家禽的饲养后，要保持运动场一定的空闲时间以恢复植被。操作者应该保存此期间的符合此规定的相关证明文档。这些规定不适用于非成批饲养、没有运动场所、可以整天自由活动的家禽。

关于兽医治疗，允许使用免疫性兽药（疫苗）；允许采取国家法定的为保护动物和人类健康的医疗措施，当已经采取预防措施来确保动物健康，但仍有动物患病或受伤时，必须立即治疗以防止动物受损害痛苦，必要时进行隔离并安置于适当的圈舍；如果治疗效果较好且条件允许，应优先使用化学合成的对抗疗法的兽药或抗生素；如果利用相关措施不能有效地治愈疾病或伤痛，且必须进行治疗以避免动物痛苦时，可以在兽医的监督下使用化学合成的对抗疗法的兽药产品或抗生素。除接种疫苗、清除寄生虫治疗和任何强制性措施外，如果动物或畜群 12 个月中接受超过 3 个疗程的化学合成的抗性兽药产品或抗生素的治疗，或对于牲畜生长期小于 1 年的进行了超过 1 个疗程的治疗，上述牲畜及畜产品不能作为有机产品销售，并且应执行本标准的规定进入转换期。使用了对抗疗法兽药产品治疗的动物，停药期应是规定停药期的 2 倍，至少为 48 小时，之后才能作为正常的动物并进行有机产品的生产。

第四节 日本有机标准解读

一、有机农产品的生产原则

（1）维持和增进农业生态系统的自然循环功能，以不使用化学合成肥料及农药为原则，发挥土壤本身的生产能力（包括利用农业原料的食用菌栽培及利用种子营养的苗芽生产），尽可能降低农业生产给环境带来的负面影响。

（2）不能破坏采集区域（自然生长区域）的生态系统。

二、有机农产品的生产方法标准

（一）农田

在有机田应采取必要措施，防止周边禁用物质的飘移及流入，并且应符合下列条件：

（1）种植多年生作物的地块需在产品第 1 次收获前至少 3 年、种植其他农产品的地块需在播种或种植前至少 2 年按照“农田的培肥管理”“播种或种植使用的种子或种苗”“农田或栽培地有害动植物防治”以及“一般管理”的标准要求进行操作。对于新开垦的或至少 2 年没有使用禁用物质的田地，播种或种植前应符合上述项目规定种植了至少 1 年。

（2）转换期农田在转换开始后第 1 次收获前至少 1 年按照“农田的培肥管理”“播种或种植使用的种子或种苗”“农田或栽培地有害动植物防治”以及“一般管理”的标准要求进行操作。

（二）培养场所

采取必要措施防止周边禁用物质的漂移和流入。食用菌的栽培地在开始栽培前至少 2 年没有使用过禁用物质。

（三）采集区

没有周边禁用物质的飘移及流入，并且在采集之前此区域内至少 3 年没有使用过禁用物质。

（四）农田中使用的种子及种苗

种子及种苗［用来繁殖的种苗、苗木、砧木、接穗及其他植物体（种子除外）的一部分或全部的部分，下同］应符合有机标准中“农田”“采集区”“农田的培肥管理”“农田或栽培地有害动植物防治”“一般管理”“育苗管理”及“收获、运输、分选、调制、洗净、储藏、包装及其他收获后管理”的要求。

在难以获得上述种子或种苗的情况下，或出于维持或更新品种的需要，可以使用未经禁用物质处理的常规种子或种苗。该常规种子或种苗必须来自以下农田：播种或种植后，没有使用过化肥和农药（在种植年份收获的可食芽菜除外）可以种子繁殖的只能使用种子，不能种子繁殖而需要营养繁殖时，应使用最幼小种苗。

在难以使用上述种苗时，并在下述情况下，可以使用种植后田块中没有使用过化肥和农药的苗，一是由于灾害、虫害、病害等原因缺乏种苗；二是缺乏种子供应只能使用苗。

上面提到的种子和种苗不应通过转基因技术获得。同时这些种子和种苗应该包含那些农业物质中被封闭的种子或种苗（从回收纺织品中获得的，源于生产过程中未添加化学合成物质的棉绒）。

（五）食用栽培中使用的种菌

食用菌的种菌培养应该符合有机标准的“栽培地标准”“采集区标准”“栽培地栽培管理标准”“农田或栽培地有害动植物控制标准”“一般管理标准”“收获、运输、分选、加工、清洗、储藏、包装及其他收获后工序标准”要求。

种菌培养应该使用本表“培养场所”所规定的培养料。在难以获得该培养料时，可以使用栽培期间未使用过禁用物资的上述培养料。

在难以获得以上描述的种菌的情况下，可以使用用天然物质或未经化学处理的天然来源物质所培养的种菌。

在难以获得上述的种菌的情况下，可以使用用附表中所列的菌丝培养物质培养的种菌，但不应是通过基因重组技术获得。

（六）食用苗芽生产中所使用的种子

必须是该表“农田中使用的种子或种苗”中所规定的种子；非转基因种子；未经处理过的种子，次氯酸水除外（仅限来自99%食盐水的电解产物）。

（七）农田的培肥管理

农场中田地只能通过施用堆肥或利用田块以及周围生活的生物活动来维持和增加土地生产力和土壤肥力，如果上述田地或周围生活的生物活动不能维持和增加田地的土壤肥力和生产力时，可以使用附表1所列肥料及土壤改良剂（仅限于制造过程中未添加化学合成物的产品及生产中未使用基因重组技术的原料，下同），或可以引入生物有机体（通过基因重组技术获得的除外）。

（八）培养场所的栽培管理

食用菌栽培的只能使用以下（1）或（2）中的培养基质。用于堆肥栽培的（1）或（2）的物质难以获得时，可以使用附表1所列物质。用于菌床栽培（培养料与水混合，压实成型，接种栽培）的（2）的物质单一获得时，可以使用附表1来自食品工厂及纤维工厂的糠麸类物质。

（1）木材基质（如原木、粉状锯屑、木屑、木段）应在一个特定区域砍伐，此区域应防止周边禁用物质的飘移及流入，至少3年未使用过禁用物质，木材伐倒后未经化学物质处理。

（2）非木材来源的基质应满足以下条款：

（a）农产品（种植方式符合本有机标准）

（b）加工食品（生产方式符合日本有机加工食品标准第 4 条“生产方法标准”）

（c）饲料［生产方式符合日本有机饲料标准（2005 年 10 月 27 日农林水省第 1607 号公告）第 4 条“生产方法标准”］。

（d）畜禽类的排泄物，仅限符合日本有机畜产品标准（2005 年 10 月 27 日农林水省第 1607 号公告）的畜禽。

食用苗芽的生产必须符合以下（1）—（4）的要求：

（1）可以使用的物资

（a）水；

（b）培养基［天然物质或来自未经化学处理的天然物质（非转基因产品）并且没有使用化肥农药等禁用物质］。

（2）不使用人工照明。

（3）生产过程中防止农药，清洗剂，消毒剂等禁用物质的污染。

（4）防止非有机苗芽的混入。

（九）农田或栽培地有害动植物的防治

只能使用栽培管理（通过有意地进行作物种类及品种的选择、耕作时期的调整及其他作物的栽培管理以抑制病虫草害的发生）、物理防治［通过控制光、热、声音等方法、使用废旧纸覆盖（生产过程中未添加化学合成物质的纸）或塑料覆盖（在使用后清除）或利用人力、机械所进行的防治措施］、生物防治（抑制致病微生物的繁殖、以有害动植物为捕食对象或对有害动植物有抑制作用的动植物的引入及其生活环境的营造）以及上述综合方法进行有害动植物的防治。但是在农作物处于危急状态，采用耕作、物理、生物或他们的任何其他综合防治方法不能起到防治效果时，可以使用允许的农药（转基因制品除外，下同）。

（十）育苗管理

育苗时（在有机农田育苗除外）应采取措施防止周边禁用物质的飘移及

流入，育苗用土应是符合下列（1）—（3）条件的土壤并且需要按照本表农田培肥管理标准、有害动植物防治标准及一般管理标准进行管理。

（1）育苗用土来自本有机标准所规定的农田土壤或采集区土壤。

（2）育苗用土来自过去2年以上没有受到周边禁用物质污染的土壤、并且该土壤在取得后也没有经过化学处理。

（3）附表1所列的肥料及土壤改良剂。

（十一）运输、分选、加工、清洗、储藏、包装及其他收获后工序的相关管理

防止不符合有机标准的农产品的混入。有害动植物的防治及品质的保持改善只能使用物理及生物方法（转基因品除外，下同）。当上述物理及生物方法效果不充分的情况下，可以使用下列物品，但必须防止下述（1）混入农产品：

（1）有害动植物防治：附表2所列出的植物病虫害控制物质以及附表4所列出的药品以及食品及添加物。

（2）农产品品质的保持和改善：附表5所列的物质（制造过程中使用基因重组技术的物质除外）。

另外，不可使用电离辐射的方法。按照“农田”等标准及上述条款生产的有机农产品应得到妥善的管理以避免农药、清洁剂、消毒剂和其他化学物质的污染。

第五节　美国有机标准与认证解读

美国农业部国家有机标准委员会（National Organic Standards Board of the USDA）将有机农业定义为生态学生产管理系统，该系统主要特征是提高生物多样性、促进生物循环、提高土壤生物活性。有机农业是一种生产方式，这种生产方式依靠生态系统管理而不是强调外部物质的过度投入。有机农场其实是一个大的生物体，既有生物因素（如动物、植物、微生物），又有非生物因素（土壤、环境）。这一切都在人的掌控之中，保持经济稳定的同时，实现

环境友好。

关于“有机产品”和“天然产品”，消费者有时认为二者为同义词，其实二者区别较大。美国食品安全检验局（US Food Safety and Inspection Service）将天然食品定义为不含人工合成的物质，并尽量减少食品的加工以保证食品的天然特点。但天然食品并不能保证是有机食品，主要因为其在生产过程中必须保证人工合成物质的不混入。

一、有机农业的基本原理

有机农业是建立在生态学原理基础上的永续利用、自然和谐的农业生产系统，一般遵循 3 个基本生态学原理，即相互依赖性、生物多样性及循环再利用。

（1）相互依赖性

生态系统十分复杂，生物因素和非生物因素相互依赖，一种因素的变化都会导致生态失衡，如过量施肥可导致氮素渗入地下水，磷素溶入河流，造成富营养化。

（2）生物多样性

生态系统中的生物多样性可以防止某种病虫草害的爆发，因为每种病虫草害都有天敌。因此，有机农业常常依靠种植多种作物来提高生物多样性。

（3）循环再利用

自然生态系统保持多种养分循环，如氮循环、磷循环、硫循环和碳循环等。绿色植物将光能转化成光合产物供人类利用，营养物质返还到土壤中降解并留在土壤中。有机产品生产者遵循这一原理，利用养分循环，减少土壤改良剂的投入。

二、美国有机农业的认证标准

美国有机食品标准由有机农作物生产标准、有机畜牧产品生产标准和有机农产品加工生产标准 3 大类组成。

（1）有机农作物的生产标准

有机作物在收获前 3 年内不允许使用标准中明令禁止的物质，保证有害物质不会通过农产品进行积累；禁止一切转基因生产的技术，优先使用有机种子或者有机植物的繁殖器官，在生产期间要求实行农作物的交替种植；运用生物循环技术使用动植物生长过程中的废弃物，通过规律的耕作和栽培技术增加土壤有机物含量；当常规方法对于病虫害的防治效果不明显时，可以适当地运用标准中允许的各种制剂进行防治。

（2）有机畜牧产品生产标准

家禽在出生后的第二天就要对其进行有机饲料的喂养，必要时要在100%有机饲料的喂养条件下让其生长，可以适当添加各种维生素和矿物质；不允许使用生长激素和抗生素，要保证其在自然状态下生长；应采取疫苗接种等措施预防疾病发生，疾病治疗时若对其使用了违禁药物，应将其移出有机生活环境，并不得再以有机产品进行出售；家禽主要是以户外放养为主，当室外条件不允许的情况下才可以圈养。

（3）有机农产品加工标准

有机农产品加工生产标准美国有机标准规定，有机产品按照其有机无机含量和成分被分为4大类：100%有机、有机、使用有机原料生产和标注有机原料。生产过程中将有机原料和非有机原料分开存放，存放和加工过程中不得破坏有机物质自身特性。市面上出售的有机产品原料必须是有机物质，有机产品在加工过程中不得使用各种禁止物质，并要按照有机物质含量进行分类标注。

三、美国有机农业的认证体系

（1）组织体系架构

美国有机食品认证体系主要是由相应的法律、法规以及产品标准、管理机构和认证机构共同组成。1993年美国农业部组建了国家有机标准委员会（NOSB），由农业部与不同领域的专家代表共同编制和修订了美国国家有机农业标准。国家有机项目（NOP）隶属于美国农业部农村市场服务司，对全美有机认证机构进行管理工作，对企业进行相应的检查并予以农业部的授权，同时对于授权的企业和个人进行审查和抽查，对于消费者的投诉进行处理。

（2）认证机构

美国有机认证机构大致分为两类，一类是非营利机构或者私人机构，主要是著名的 CCOF 和 OCIA。加利福尼亚州有机农场认证（CCOF）是专门针对有机物生产的监督机构，从食物到农业等多方面，覆盖了超过 1300 多种有机作物和产品。美国国际有机作物改良协会（OCIA）于 1987 年在美国宾夕法尼亚州成立，是为广大会员提供有机农业和有机食品方面的研究、教育和认证服务的非营利性机构。第二类是官方认证机构，美国联邦农业部于 1993 年组建了国家有机标准委员会，该委员会由有机农产品的生产、消费、贸易、管理、研究及认证等领域的不同代表组成。另外，还有国家有机项目办公室全面负责美国有机农业方面的工作。随着居民对于有机农产品的认识程度逐渐加深，美国正加大官方认证机构的数量。

（3）认证程序

认证程序主要是以生产过程为审查对象，要求必须严格按照生产标准进行生产，所使用的材料和方法必须要有详细的记录，以便可以追溯产品的生产环节。各地区的审查标准基本一致，仅在细节方面有所区别，审查程序包括翔实的文字记录、详细的申请资料、确切的调查取证、系统的证书认证、证书的授权和费用的缴纳等方面。

（4）认证范围

美国有机认证的范围十分广泛，不仅包括各种作物和家禽类，还包括有机农产品的深加工、零售商、餐馆、代工生产以及生产资料的认证。美国官方认证机构主要是从事前几项的认证工作，唯独生产资料由民间第三方组织进行认证。认证费用依据的是认证的有机产品总价值的 0.5%~1.5%，第三方认证机构收取的认证费用通常比官方高出 30%。

主要参考文献：

［1］国家市场监督管理总局，中国国家标准化管理委员会．有机产品生产、加工、标识与管理体系要求：GB/T 19630—2019［S］.

［2］国务院发文：加强绿色食品、有机农产品认证［J］. 上海质量，2021（03）：50.

[3] 唐茂芝，王茂华，曲丽，滑燕丽，余良英. 新版《有机产品》国家标准主要变化和特点 [J]. 中国标准化，2012，(04)：44—52.

[4] 王艳菊，吴穷，陆静，李世忠. 扎实推进促效率 绿色认证得助推 [J]. 上海农村经济，2020 (02)：26—27.

[5] 余良英，陈丽丽. 新版《有机产品》国家标准第 3 和第 4 部分解读 [J]. 认证技术，2012 (05)：44—45.

[6] 朱爱权. 我国有机产品国家标准即将出台 [J]. 化学分析计量，2004，13 (6)：62—62.

[7] 曲丽，郝静.《GB/T19630. 2-2011 有机产品第 2 部分：加工》国家标准解读，质量与认证，2012 (5)：42—43.

[8] 汪李平. 新版有机产品标准和认证实施规则解读 [J]. 长江蔬菜，2012 (15)：4—10.

[9] 申双贵，邓灶福，邱志刚. 新旧有机产品标准有关养殖内容的差异性研究 [J]. 湖南畜牧兽医，2014 (4)：12—14.

[10] 生吉萍，刘灿，申琳. 有机和常规种植条件下樱桃番茄的营养物质含量与矿物元素 ICP—AES 分析，光谱学与光谱分析 [J]. 2009，29 (8)：2244—2246.

第四章

有机食品生产体系的过程管理

自从20世纪90年代以来，有机食品在我国也得到了长足的发展。以南京环境科学研究所为代表的国内认证体系和以ECOCERT为代表的国外认证机构开始将国际上的有机农业标准和认证体系引入我国，着重对农产品的生产过程控制、农产品生产过程的质量控制体系和农产品的可追踪性等三个方面进行控制。以外贸为主要推动力的中国有机农业发展呈现快速发展的态势，近年来由于消费者健康意识和环保意识的提高，国内消费需求对于有机农业发展的推动也在不断增加，有机农业的发展呈现生产、加工、贸易的良性循环。有机农产品的生产、贮藏、加工过程的严格管理是有机食品产出的保障。本章主要介绍有机产品的生产、贮藏、加工的过程管理要求与规范。

第一节　植物类有机产品的生产过程管理

国家认监委于2019年11月发布了新版《有机产品目录》（2019年第22号公告），植物类有机产品分为谷物、蔬菜、水果、坚果、豆类、食用菌与园艺作物、香辛料作物、棉麻糖、草及割草、野生采集、其他纺织用的植物、中药材等类别产品。植物类有机产品大多为人工种植的农产品，本章主要从产地选择、土壤管理、肥料使用、病虫害防治、杂草控制及其他措施来介绍植物类有机产品的生产过程管理。

一、产地的选择

产地是一个由生物、空气、水、土壤等环境要素组成的生态系统。有机产品的产地选择是指在这些植物产品开始生产之前对产地的环境条件的调查和现场考察，对场地的环境监测和环境现状质量评价，并通过环境质量的现状评价，对产地环境质量是否适合生产有机食品做出合理的判断。有机食品产地的建设是指对已经确定为有机食品的产地或备用产地进行生态建设与环境污染控制，使其保持良好的生态环境质量。

产地选择任务是为其产地的环境质量检测和质量评价做技术准备，因此，在开发有机产品之前，一是为环境监测进行资料准备。调查产地环境要素的质量状况，查看外源污染、内源污染的实际情况，在环境监测图上标出产地的区域、点数和点位，为正确的布点采样做准备。二是经过现场调查，了解产地及其周边的生态环境质量状况，初步评估产地的生态环境质量，为后续的生态环境建设提供依据。所以，认真做好产地的选择工作，既可为环境监测和评价做好准备，提高工作效率，减少企业经济负担，又可正确判断该产地开发有机产品的前景，为产地的生态环境建设指出方向。

（一）产地的环境调查与监测

（1）外源污染与产地环境要素的现场调查

①污染源调查内容

产地周边的工业、交通、居民村落等的布局，污染源排放污染物的类型，污染物的种类排放方式和排放量，以及污染物进入产地的途径。

②空气质量调查

污染源与产地的边界的距离有多大，是否有交通主干线通过产地，车流量有多少。污染源与常年主导风向、风速的关系，即污染源是否在产地的上风向，估计空气中污染物的影响范围，是否影响到产地，并标记污染空气开始进入产地的地块，以作为污染检测控制点的具体位点。

空气污染物对植物污染的症状调查：农业生产中，对动植物生长和健康有较大影响的污染物有二氧化硫、氮氧化物、总悬浮颗粒物、和氟化物等。它们对植物会产生可视症状，可供调查者初步判断空气污染情况。

③水质调查

现场调查内容有：污染源的污水是否进入有机食品产区的地面水，或是否影响产区的地下水；产地的常年降雨量是否满足灌溉需要，或开采地下水是否造成环境的负面影响（如地面下沉、水污染等）；当前的人畜饮用水、灌溉水的水质感官如何；产地是否有污水灌溉历史等。所谓地面水，是指河流、湖泊、水库中的水，地面水体是降水的天然汇集场所。

（2）内源污染调查

①肥料

调查该地块以往施用的肥料的种类和品种，施肥水平，是否使用污泥肥、垃圾肥、矿渣肥、稀土肥等情况。通过调查，对照有机食品产地所规定的肥料使用标准进行评估。

②植物保护

调查该地块以往病虫害的主要防治手段，是否使用化学合成农药，化学农药的品种、数量，农药的安全使用情况，病虫草害发生、变化历史调查，是否出现过重大病虫害，如何控制等。通过调查，对照有机食品有关农药的使用准则进行评估

③农用塑料残膜

调查该地块以往农用塑料薄膜的使用历史，实测土壤残膜状况及残膜量

④农业废弃物

调查该地块以往产地秸秆的量及处置情况；人、畜禽粪便的量级处置情况；加工业下脚料的量级其处置情况。对城市郊区的产地，需要了解城市废弃物的收纳和影响情况。

⑤农业生物物种

重点调查是否有转基因物种。根据有机食品要求，有机食品或产品原料不能选择转基因产品及其衍生物。

（3）污染源影响预测

产地周边的工业布局将有何变化，产业方向、生产水平、工艺技术有何变化，对产地的环境建设和有机食品的可持续发展是否有潜在的负面影响。

(二)产地的污染控制与生态建设

有机植物产品生产实行全程质量控制，所谓全程，意指“从土地到餐桌”的全过程，从生产、使用到废弃的全过程中，要节约使用资源，并使产品的整个生命周期对人类健康和环境的不利影响降到最小。污染控制是产地环境质量控制的主要内容之一。有机植物产品产地有外源污染和内源污染两类，但外源污染，因有机食品生产单位无法进行有效控制，只能在产地选择时加以回避，即产地需要选择在污染源影响不到的地区。所以，产地的污染控制，主要是指对内源污染，即农业生产自身的污染控制。

(1)产地的环境污染

内源污染主要有不合理使用肥料、农药、塑料薄膜和农业废弃物处置不当所造成的环境污染和资源浪费。

①化肥、农药的污染

土地中残存的化肥、农药造成的污染。

②农用塑料残膜的污染

农用薄膜，包括地膜和棚膜。农膜技术的采用，对我国农业耕作制度的改革，种植结构的调整和高产、高效、优质农业的发展，产生了重大而深远的影响，对增加农民收入、脱贫致富做出了重大贡献，很受农民欢迎。但是，从农膜的生产和使用以来，逐步暴露出一些环境污染问题，其中最严重的是残膜污染。

(2)污染控制

控制肥料污染的主要方法有：

①不施用人工合成的化肥，而施用有机体系内部的有机肥，或者购买施用场外的有机肥。

②改进施肥技术，根据土壤肥料合理施肥。

③作物进行合理地轮作与间作。

农药的污染控制主要方法有：

①生物防治技术

是利用有害生物的敌对有害生物进行调节、控制。比如我国利用苏云金杆菌制剂，也就是常说的BT制剂防治害虫，无论在工业化生产还是在实际应用等方面都居世界先进水平。

②综合农业防治技术

我国的植物保护措施是“预防为主，综合防治”。综合防治包含：栽培防治、化学防治、生物防治和物理防治四类技术措施。即利用栽培、耕作、施肥、品种等农业手段对农田生态环境进行管理。例如，清除果园的枯枝落叶并烧毁，可以破坏病虫越冬场所和压低病虫的数量等。

③物理和机械防治技术

例如，太阳可以晒干种子，并杀死病菌、防虫防霉等。

（3）有机产品生产的生态建设

有机产品产地的生态建设除了环境污染控制以外，还应对产地三级生态系统进行合理控制，使其结构合理，功能和谐，生产力达到最大。而调控农业生态系统最佳途径就是生态环境建设。

有机产品产地生态建设的总目标是：通过产地的生态建设，达到产地生物多样性增加，即农业生物结构合理，功能协调。使产地逐步具有综合性的可持续生产能力，逐步把产地建设成为良性循环的生态系统，使产地成为无废物的生存基地。通过有机食品的生产，使产地土壤成为健康的、肥沃的土壤。

①周边生态建设

周边生态环境除在产地选择时把握好生态条件外，在有机食品生产的同时，需要完善其环境建设，包含生物多样性建设、植树种草，建设成一个有明显标志的生物隔离带。

②产地建设

合理使用多种技术进行产地建设，如耕作技术、生态优化的防治技术、物质的多层次利用技术、节水灌溉技术等。

③土壤生态建设

主要指土壤肥力的建设，培育健康、有活性的土壤，健康的土壤需具有完善的土壤生态结构，具有生产者（植物）、小型消费者（微型动物）和分解者（微生物），相互间的数量比要协调，创造农业生态系统的良性循环，充分开发和利用本地区、本单位的有机肥源，合理循环使用有机物质；充分发挥土壤中有益微生物在提高土壤肥力的作用。

二、作物种子和种苗的选择

（一）品种的选择

选择、应用品种时，在兼顾高产、优良性状的同时，要注意高光效及抗性强的品种的选用，以增强抗病虫和抗逆的能力，发挥品种的作用。在不断充实、更新品种的同时，要注意保存原有地方优良品种，保持遗传多样性。加速良种繁育，为扩大生产提供物质基础。有机产品生产栽培的种子和种苗（包括球茎类、鳞茎类、植物材料、无性繁殖材料等）必须是无毒的，并来自安全生产系统。这些品种应当适合当地土壤及气候条件，对病虫害有较强的抵抗力。

（二）引种要求

生产性的引种是将外地或国外的新作物、新的优良品种引入当地，供生产推广应用，通过引种可丰富当地的作物种类，是解决当地对优良品种迫切需要的有效途径。生产上，一方面原来的品种长期栽培可能会退化，另一方面新的、更优良的品种不断培育出现，通过引种就可使作物品种不断更新，以优良的代替老的。引种具有简便易行、见效快的优点，有机食品产地为了保持高的生产水平，应有计划地做好引种工作。其中应注意以下几点：

（1）引种必须有明确的目标。

（2）引种前应摸清拟引入的品种各方面性状，特别是对温度、光照的要求。

（3）引种时还要把品种特性与其栽培条件联系起来考虑：即应了解品种对土质、肥水条件的要求、耕作制度和栽培水平等方面特点。

（4）保持遗传多样化。不宜在基地内选择和保留单一的品种，而应有计划在不同地块种植具有不同优良性状的品种，或轮换种植不同优良品种。

（5）引种试验。用作试验的种子可以少量引入。将欲引入的一个或多个品种与当地生产用良种，在同一地块、相同栽培条件下比较研究。

（6）严格做好引进品种的检疫工作。

（三）良种繁育

良种应既具备优良的品种特性，同时又是纯度高、杂质少、种粒饱满，生命力强的种子。优良种子才能使优良品种的性状充分表现，发挥其作用。良种繁育主要是生产优良品种和杂交亲本的原种，迅速地繁殖大量的优质种子。为了提高繁育的成效，必须了解所繁育的良种和亲本的优缺点，以及选择技术，并了解良种的栽培要点，以进行正确的选择。同时，健全防杂保纯制度，采取有效的措施防止良种混杂退化，并要有计划地做好去杂选优、良种提纯复壮工作。如果不重视整个繁育过程的培育和选择，种子质量就没有保证，良种的丰产性也不能发挥作用。

三、种植制度

有机产品生产基地为了能生产出安全优质产品，需在基地中进行科学合理的配置作物种类，因地制宜地确定轮作、间套作、复种等种植制度，逐步形成和建立良性的农业生态系统。提高综合的生产能力，保持持续生产能力。必须有一套合理耕作制度。耕作制度的基本要求有以下两点：一是通过合理的田间配置，建立良好的种植制度，充分合理利用土地及其相关的自然资源；二是采取耕作措施，改善生态环境，创造有利作物生长、有益生物繁衍的条件，抑制和消灭病虫草害的发生，并不断提高土地生产力，保证作物全面持续地增产。

（一）轮作及间套种的作用

同一块地有顺序轮种不同作物的种植方式称为“轮作”，轮作是一项对土地用养结合、持续增产、促进农业发展、经济而有效的措施。它的作用表现在：

（1）调养地力

我国的轮作模式，绝大多数都是由用地为主的作物与养地作物（豆类、绿肥）或养地环节（休闲）所组成，以发挥以田养田、生物养田的作用。利用豆科作物和红萍固氮，改善土壤化学特性和微生物状态，改善土壤物理性状，减少水土流失。

(2) 调节作物茬口

所谓“茬口”，是泛指轮作顺序中的各类作物及其茬地。组成轮作的各类作物对前作及其茬地有不同的要求，对土壤及后作物，也有不同影响，表现为多种茬口特性如茬口肥力特性、茬口季节特性和茬口感染病、虫、草害的特性等。

(3) 防除病虫、草害

运用合理的轮作换茬制度，是我国传统农业及现代农业中一项有效的防治病、虫草害的农业技术，既安全可靠，不损害田间有益微生物，又无土壤污染和环境污染。

(4) 增产并促进多种经营

合理轮作还能错开农忙季节。均衡投放劳畜力，做到不误农时和细作，达到提高复种、用地养地和增产增收的目的。

间、套种是提高作物产量的重要技术，是我国传统的农业精华，许多研究和实践证明，合理的间套种与单作相比具有一定的优越性。从自然资源来看，间、套种更能充分利用时间和土地。太阳能、土壤中的水分和养分在一定程度上也得到了较充分的利用，使它们转变为更多的生物能作物产品。从社会资源来看，实行间、套种可以充分利用多余的劳力，扩大物质的投入，发展集约化农业，在人多地少的地区，提高土地生产力。果树行间尤其幼年果园实行间作，可充分利用土地资源，增加收益，套种还可弥补本地自然条件的不足。

(二) 轮作及间套种的主要模式

我国幅员广阔，自然条件复杂，作物种类繁多。因此，所组成的轮作及间套种的模式是多种多样的。

轮作类型从熟制分，有休闲轮作、一年一熟轮作、二年三熟轮作和一年二熟及三熟的复种轮作。从水旱条件和轮作中的主要作物成分，有旱地轮作、稻田水旱轮作、水稻和水生作物轮作，还有城市周围的蔬菜轮作和少量的饲料轮作及牧草与粮经作物组成的草田轮作等。每一类型轮作，又因其主要作物组成比例不同，组成多种多样的轮作模式，从而有利于适应各种气候、土壤、社会经济条件与市场需求变化。

（1）旱地轮作

①旱粮轮作

这类轮作的作物几乎全部由旱粮作物组成。由于这类轮作多分布在土壤比较瘠薄地区，豆科绿肥作物常被引入轮作组成中。在南方丘陵地区，多采用多熟间套轮作方式，形成复合群体的生物覆盖，可提高单位面积的粮食年产量，如大豆—高粱（或玉米）—黍子。

②经济作物轮作

我国经济作物或工业原料作物，种类繁多，大多种在旱地上，与旱粮作物轮换种植，如小麦—甘薯—春芝麻。

（2）稻田轮作

我国的稻田轮作大致分为三个类型：

①季节性水旱轮作：冬季旱作物轮换一夏季连年水稻或短期旱作物与水稻轮换；②周年性水旱轮作：冬季旱作物轮换或不轮换或冬闲一夏季周年水稻与周年旱作物轮换；

③水生作物轮作：水稻和水生生物轮换。其基本轮作模式为一季稻或双季稻（多年）→水生经济作物（1~2 年）。

（3）大田作物间作

以禾本科作物与豆科作物间作在我国的分布最广，其中以玉米与大豆间作的面积最大。此外，还有玉米与马铃薯间作，小麦与玉米间作，麦与豆类、绿肥间作，高粱与谷子，甘薯与玉米、大豆、花生间作等。

（4）大田作物套作

在我国尤以小麦套种玉米在华北地区占很大优势。小麦棉花套作约占我国棉田面积的一半。稻田套紫云英，麦田套花生、甘薯、大豆、烟草等也都有应用。

（5）大田作物间套复种相结合

这种种植方式能充分利用自然资源。在南方有“麦/花生+甘薯”“麦/玉米+稻”“麦/豆+稻”“麦/肥+稻”；在北方有“小麦/玉米+大豆”“麦/棉花+绿豆”等。

（6）粮菜瓜间套作

这种方式有利于在生产菜瓜的同时兼收粮食。典型的如北京的三大菜，即菠菜、马铃薯、洋葱等，春菜套春玉米，在春玉米中又套种大白菜、胡萝卜、芹菜、秋菜等。在小麦套种玉米的基础上，玉米与黄瓜，芸豆、豆角等间作，小麦套种西瓜，玉米间作西瓜、甜瓜等。

（7）林果与作物间作

在北方，主要有泡桐、枣树与小麦、甘薯、花生、玉米等各种大田作物间作。苹果、梨、桃树与甘薯、花生、大豆间作。在南方有桑粮间作，橡胶树下间种茶树。在热带，椰子、橡胶也常与可可、咖啡、甘薯或玉米、大豆等间作。

四、土壤管理与肥料使用

土壤是有机食品作物生产的立地基础，为作物提供大部分营养、水分，空气。作为农田土壤，其肥力状况是可以人工调节的，调节控制的正确与否直接影响到作物的发育，也影响到有害物的降解与转移。土壤管理与肥料的使用就是对这些性状和能力的调控。

（一）土壤肥力保持的重要性

土壤适时和协调地向植物提供作物所需的水、养、气和热量及根系活动性能的条件，称为土壤肥力。土壤中的各肥力因素之间相互作用。外在一个动态平衡之中，有时对作物生育有利，有时又有坏的影响。采用适当地维持肥力的措施，就能为作物提供一个非常有利的、充分发挥其潜能、增强其抵御不良外界条件的土壤生态条件，获得高产优质的安全食品。

（二）肥料的作用与污染

维持和提高土壤肥力有效的办法就是施肥。施肥有以下重要作用：

（1）保持土壤肥力是满足作物生长的需要；

（2）保持土壤肥力是增加作物产量的基础和保证；

（3）保持土壤肥力是有机食品品质进一步提高的保障；

施肥有改善土壤环境、增加有机食品产量、改善品质等作用，但同时由于施用肥料的种类、用量及施用方法不当，也会带来许多不良影响。不合理施肥不仅起不到应有的肥效，造成经济上极大的浪费，更重要的是污染，表现在对土壤的污染、水体的污染和大气的污染。污染物通过食物，饮水给人和畜禽带来潜在的灾难。

（三）有机农作物生产的施肥技术

对有机植物产品生产操作规程提出要求，即通过施肥要能促进作物生长，提高产量和品质，有利于改良土壤和提高土壤肥力，不会对作物和环境造成污染。施肥应遵循的原则和要求如下：

（1）创造良性的养分循环条件；

（2）经济、合理地施用肥料；

（3）以有机肥为主体，尽可能使有机物质和养分还田；

（4）充分发挥土壤中有益微生物在提高土壤肥力中的作用。

根据有机食品标准，有机食品的生产应禁止使用化学合成的肥料，即便使用的是有机肥，也应该来自有机畜牧饲养场，且施肥时注意施肥数量，最后使用时间也有要求（一般大田作物要求收获 30 天以前施用）。

五、病虫害防治与杂草控制

（一）有害生物防治原则

为了保证有机产品的质量，就必须在生产各环节排除污染源对产品的污染。种植生产过程中，重要污染源之一就来自防治病虫害而施用的化学农药所引起的农业自身的污染。因此，有害生物防治的基本原则是：

（1）创造和建立有利作物生长、抑制病虫害的良好环境

有机产品生产的植保工作绝不能采取以消灭病虫等有害生物为中心的植物保护方法，也就是说，不能只考虑杀灭有害生物的效果，不考虑保护对象栽培作物以及栽培作物提供能源、生长条件和有利因素的影响与效果，必须树立以栽培作物为中心、建立良好农业生态系统的植保工作思想。

（2）预防为主，防重于治

预防就是通过合理的耕作栽培措施，提高作物的健康水平和抗害、免疫

能力，创造不利于病虫发生的条件，减少病虫的发生和减轻其危害。有机产品种植业生产中，必须贯彻以农业防治为基础的预防为主方针，通过改善农田生产管理体系，改变农田生物群落来恶化病虫发生、流行的环境条件；控制病虫的来源及其种群数量，调节作物种类、品种及其生育期；保护和创造有益生物繁殖的环境条件。

（3）综合防治

在有机产品生产中，综合防治具有重要意义。开发有机食品最基本的目的是通过生产有机食品保护自然资源和生态环境；通过消费有机食品增进人们的身体健康。有机产品生产追求的是经济效益、生态效益和社会效益的统一。而在种植业生产中，必不可少的植保措施直接影响到安全食品目的的实现。综合防治管理体系的实施，才可能体现出具有经济效益、社会效益，包括环境保护在内的生态效益及综合协调四方面的统一，其宗旨和效果都与有机食品的生产开发相一致，因此有机产品生产中必须特别强调综合防治这一植保方针。

（4）优先使用生物防治技术和生物农药

有机食品种植过程中，要充分利用有益生物资源即天敌对有害生物的抑制作用，培养或释放天敌，创造有利于天敌繁衍的条件。优先进行生物防治，发挥天敌的自然控制作用，可大大降低农药的施用量，减少对产品、环境的污染。这些自然界本身就存在的活体，随着自身死亡而降解，不会大量累积，较安全，对环境无污染，符合有机食品生产的要求。

在必须使用药剂防治时，也应优先使用生物农药。与化学农药相比，虽然生物农药作用缓慢，但它们都来源于天然存在的动物、植物和微生物，一般说它们毒性较小，杀虫治病谱较窄，不易伤害目标病虫害以外的天敌、鸟类等，对作物不产生药害，有利于生物多样性的发展，增强生态系统的自然控制能力，病虫一般对生物农药较少产生或不产生抗性，因此有机食品生产中只能使用生物农药。

（二）有害生物防治技术措施

有害生物防治技术强调依赖于自然因素或自然因素的产物为主的“防”与“治”，协调与配合使用其他防治方法。有害生物综合防治技术的策略原则，一是充分发挥自然控制因素的作用，而是从农业生态系中绿色作物、动物、微生物和无机环境条件四个组成成分出发，调控其平衡。二是强调对病虫进行控制，将其危害控制在不足以造成作物的经济损失的程度，不是一味地要求彻底消灭。具体措施有：

（1）植物检疫

植物检疫是植保工作的第一道防线，也是贯彻“预防为主，综合防治”植物方针的关键措施。通过植检可以防治危险性病、虫、杂草等有害生物，经人为传播在地区间或国家间扩散蔓延。病虫分布有一定的地区性，但也存在扩大分布的可能性。传播途径主要是随农产品（种子、苗木、栽培材料等）的调运而扩大蔓延。一种病虫传入新地区，常常由于原产地或多年发生地的天敌及其他抑制因素没有一同传入，在新地区一旦当环境（气候、食物）适合时，便会大量发生，其危害程度有时比原产地更为严重。

有机食品生产基地在引种和调运种苗中，必须依靠植检机构，根据《植物检疫法》的规定，做好植检工作。

（2）农业防治

通过农业栽培技术防治病虫害是古老而有效的方法，是综合防治的基础。有机食品生产中科学的栽培管理技术可以起到调节作物地上地下理化和生物环境的作用，有利于作物的健壮生长，不利于病虫等有害生物的生存和繁衍，从而达到保健和防治病虫的目的。农业防治措施与正常栽培管理措施是一致的，不增加额外的防治成本，一般不会产生病虫抗性，出现杀伤天敌、污染环境等副作用，有效的做事易于大面积应用，其防治效果是积累的并且相对稳定。它在综合防治中属于一种起到自然控制作用的因素，其缺点是效果不迅速和直观，此外受到地区和季节限制的局限。农业防治包括：选用抗病虫的优良品种、改进和采用合理的耕作制度、采用物理机械防治及其他防治新技术和生物防治法、合理的药剂防治。

六、其他管理措施

（一）作物灌溉

灌溉就是在满足作物生理需要的同时来实现生态需要，既要保证作物需水要求，又使土壤及周围环境不受污染，达到节约水资源、改善作物环境、提高作物质量的目的。

（1）灌溉制度及其原则

对作物灌溉的灌水时间、灌水次数和灌水量合称为灌溉制度。降雨量及其在年内、年际的分配，是制定灌溉制度的主要依据之一。地下水位和土壤质地与结构，以及其对土壤水分的调控性能影响于灌溉制度。作物需水量是制订灌溉制度的另一基本依据。作物需水量与生产水平有关，在其他生产条件和因素一定时，作物产量随供水量的增加而提高，但达到一定程度后，在增加供水量会使增加的产量达到极限甚至减产，因此灌水要适量。好的灌溉制度应是省水和高效益的，合理灌溉制度在有机产品生产中要遵循一定原则：

①灌溉要保证有机食品作物正常生长的需要；

②灌溉不得对有机食品作物植株和环境造成污染或其他不良影响；

③应根据节水的原则，经济合理利用水资源；

④要同时抓好灌溉和排水系统的建立。

水分是作物生长必需条件，但土壤中水分过多影响土壤透气性，长期含水过多还会破坏土壤结构，降低土壤肥力，甚至还会导致土壤沼泽化与盐渍化，从而影响有机食品作物的生长。农田水分过多还影响着农事活动的正常进行及其质量，尤其影响机械作业，所以在土壤含水量大时，还要进行排水除涝。一般年降雨量在500~1000mm之间和大于1000mm的地区都要采取相应的排水措施。此外，为了防洪和围垦也都要求排水。灌溉和排水是积极改善田间水分状况的重要措施，有机食品产地和基地在建有灌溉设施的同时，必须建有排水系统，能迅速排除田间过量的水，以减少洪涝灾害的影响。

（2）灌溉措施及技术

①对灌溉水加强监测，并采取防污保护措施

有机食品生产地块必须按有机食品农田灌溉水水质标准进行监测，并注意保护和维护水质。特别是使用河流、湖泊水作为灌溉水源的地区和单位要经常注意监测上游或本地段有可能造成水质污染的污染源排放情况。有机食品产地要避免使用污水灌溉，有污水过境的地域应划设隔渗地区，并加强对产地水源，包括地下水的水质监控。

②总结和运用节水的耕作措施，并吸收先进的灌溉技术

我国劳动人民在长期农业生产生活中，积累了丰富的以蓄水、改土、防风蚀、水蚀为中心的节水经验，修建各种梯田、坝田、保水地埂；采用耕作措施来蓄水保墒，例如早秋耕、秋深耕、早春顶凌耙耱，以多接纳降水减少土壤水分蒸发；还有通过增施有机肥，改良土壤结构，增强土壤贮水保水能力，减少蒸发，同时促进作物根系发育，增强作物吸水和抗旱能力等。这些宝贵的传统农艺、经验，应加以总结和运用。

国际上为了节水，采取渠道防渗措施，采用喷灌和滴灌减少田间用水损失。20 世纪 70 年代喷灌在一些工业发达国家迅速发展，但由于耗能较多，近年地面灌溉技术则进一步受到重视，如采用间歇灌、水平畦灌等供水方法，使水分均匀分布，减少深层渗漏和末端水分的损失。为了节能，采用低压喷灌、风力灌溉技术等。这些通过改进灌溉技术达到节能节水目的的研究成果，都可供有机食品生产基地借鉴和应用。另外，以盖膜保墒和膜上灌水技术为主的塑料覆盖农作是防止土面水分蒸发十分有效的一项节水农业措施，值得推广，但要注意环境污染。

（二）有机食品与常规食品生产的隔离措施

有机产品生产与普通产品必须进行隔离生产，在隔离时应注意以下几个方面：

①距离

有机食品的生产与常规食品的生产所使用的土地之间应有一定的距离。这一距离必须保证有机食品生产基地的环境不受普通生产的污染和影响，比如污染物随地下水和空气的迁移扩大及土体之间的交换。

②屏障

有机食品与普通食品的生产之间应利用各种屏障进行隔离。包括地形、工程措施、生物措施，主要是增大污染物对有机食品生产基地污染和影响的程度。如山峰、河流和野生植被等都是有机食品生产隔离的有效手段，在规划时应充分应用。在进行有机食品作物生产的农田周围还可以采取一些工程措施隔离。如起垄、篱笆等。垄作能使土壤耕层加厚、通风、排水，既提高表层地温、又保持水分。另外还可以采取有效生物防护措施，促使小气候适

宜作物栽植的条件，如防风林、风障、覆盖作用、耕翻等。防风林可以减弱风力、改变风向、含蓄水源、调节温度、减弱寒流和干旱等对作物的危害，在较大面积农田的防护上起到重要作用。风障在局部小面积的防风与保温上起作用，覆盖如使用玻璃、薄膜、秸秆、生草覆盖等主要形式，其作用主要是增温保温、保墒、增肥。总之通过采取生物措施改善农田小气候，创造有利于有机食品作物生长的环境是一项行之有效的措施。

③明确的标记

在有机食品生产基地边界每个非直线变化处都应有明确标准，以便与常规生产相互区别。

第二节　动物产品的安全生产管理

自20世纪90年代以来，我国畜牧业发展迅速，政府和企业大力发展高度集约化和大规模工厂化养殖，生产操作全程机械化和管理自动化得到大幅度提高，为人们提供了丰富的动物食品。但是千头牛场、万头猪场、百万只鸡场等大型养殖场产生的环境问题已引起人们的关注，安全动物产品安全的生产的管理越来越迫切。人们关心现代化养殖场的兽药、激素、抗生素残留问题，希望在一定的条件下，进行优质安全的有机动物产品的生产。下面介绍有机动物养殖的过程管理。

一、有机动物产品安全生产的基本原则

有机动物产品的生产是一个整体系统，其设计力求生产力适度，农业生产系统中的各个群落间其中包括土壤有机质、植物、家畜和人相互协调。有机动物产品的生产的主要目标是发展可持续并与环境相协调。在生产中，畜牧生产是整个农业生态系统不可分割的一部分。

有机动物产品生产的基本原则包括：

①保护环境，降低土壤退化和侵蚀，减少污染，使生物量适度，保持畜禽良好的健康状况。

②保持系统的多样性，保护和提高本地植物和动物的多样性。

③在生产中，尽可能使物质和资源达到最大限度的循环利用。

④精心管理，尽量满足家畜健康和家畜行为需要。

⑤从养殖到销售整个链条中保持食物和加工产品的完整性。

二、有机畜禽的安全生产

根据中国有机产品标准 GB/T 19630—2019《有机产品生产、加工、标识与管理体系要求》，进行有机畜禽产品的生产过程管理。在具体的实践中，应该注意以下几个方面：

（一）动物品种选择与幼禽、幼畜的培育

有机畜禽品种，尽量选择适应当地条件的优良畜禽品种，除了生长速度外，还应考虑对疾病的抗御能力。畜禽品种的购入要经过检疫和消毒。

在有机畜禽生产中，人们必须认识到农业景观和气候的多样性，为了适应牧场的多样性，需要有一个多样化的品种。当前，由于经济的需要，育种人员主要注重家畜的生产力，很少有人注意到家畜的地方适应性及其他特征，如母性、强壮程度、抗病和抗寄生虫的能力、耐粗饲能力以及对畜牧场的适应性等。

国际上，有机农业标准要求有机生产农场的所有家畜出生并饲养于有机农场，但标准对种畜有所放松。标准认为，每年 10% 的种畜可以来自非有机农场，但是，购入后如果这些大型家畜如肉牛、马、驼等的年龄不能大于 6 个月龄；猪、羊不超过 6 个周龄且已经断乳；乳用牛不超过 4 周龄；肉用鸡不超过 2 日龄；蛋用鸡不超过 18 周龄。现代繁殖技术如胚胎移植、同期发情激素的应用、用基因工程培育家畜在有机农业中都是不允许的。

（二）畜禽的生活环境

畜禽的生活环境不仅直接影响到畜禽的健康生长，而且还间接地影响到畜禽产品的品质。因此，有机养殖动物的生长应特别注意畜禽的生活环境、应激以及“动物福利”等因素。

1. 棚舍和圈舍

在有机食品生产中，即便家畜在畜舍内待的时间很短，也应保证有充足的躺卧、转动、伸展和进行一般社会活动的空间。拥挤会导致家畜应激并且家畜容易发生疾病。充足的畜舍还要求有干燥的休息地。把家畜始终系于一个固定的地方在有机农业体系中是不可取的。设计畜舍还应考虑以下几点：

（1）易于清理粪便；

（2）通风良好，空气流通；

（3）地板要求既不损伤家畜又不引起过分紧张和不安；

（4）在放牧季节可以放牧，在其他季节有运动的余地；

（5）家畜群体应合理稳定；

（6）动物被圈起时，应该圈在其同类群体的视觉和听觉范围内。

当家畜在户外时，要尽量避免夏季和冬季因素的影响。可以通过种植数目、防风林和建设可移动的畜棚来实现。只要有防风和防恶劣气候的设施，大家畜在冬季也可在户外活动。夏季遮棚同样重要。当气温高于 26℃、空气湿度高达 50%~70%时，多种家畜会造成应激，猪和家禽最为明显。充足的洁净凉水可以降低应激，在热应激时，饮水量要加到 30%。

放牧区的形状和大小也是一个重要因素。由于动物过分拥挤，集约式轮牧会限制动物运动。比如奶牛不喜欢在一小块地区或长条形牧地放牧。如果一个小的牧地不打破畜群的等级制度，只要牧草质量高和寄生虫少，小区放牧造成的应激要小于大区放牧。

安全性是另一因素。例如，自由放养的小鸡易受到猎物的袭击，因此应有保护措施或用某种方式把小鸡圈起来。

2. 放牧密度

放牧密度因家畜类型、地形、生产制度、本地的气候和其他环境因素而异。在农场中，放牧密度随牧地的载畜量而定，同时还要考虑到粪便的排放和饲草的需要量。欧盟有机农业标准规定，每公顷土地畜禽的承载量折合成畜禽的粪便排泄量不能超过 170kg 纯氮。

由于气候因素很难预测，再加上恶劣气候频繁发生，因此，在制定放养密度时要留些余地。过度放牧会导致寄生虫增加，影响家畜健康，引发家畜发生疾病。考虑放牧密度不仅是动物福利的问题，而且是农场主必须考虑的环境福利问题。凡是能够对家畜造成污染和引起土壤退化和侵蚀的家畜生产活动都是不合理的。

3. 减少应激

畜牧业生产中有一些常用的管理措施来降低应激，这对有机畜禽安全生产是必要的。根据中国有机产品标准，允许使用的措施包括羔羊断尾、断角、剪羽、扣环、阉割、猪仔钝化犬齿等，但不允许除羔羊外的断尾、断喙、断趾、猪仔断牙、烙翅等。即使允许的措施，有机农业上也是有争议的。有很多方法可以减少这些措施的使用，比如给家畜提供一个足够的空间或舒适的环境就可以降低家畜间的争斗和不安。只要操作时把疼痛和不安减少到最低限度、卫生条件足以保证家畜不受感染。

日常管理要安静、轻松，尽量避免粗暴行为，管理员和家畜间的关系非常重要。在家畜运输和屠宰时也要考虑仁慈原则。降低家畜应激和消除电晕击之类的管理措施是必要的。其他降低家畜应激的方法有减少蚊蝇侵扰、减少灰尘、浓烟和不必要的噪声。对于突如其来的意外情况要事先做好准备，事先做好急救工作。

4. 动物福利

动物福利的目的是消除各种应激，无论这些应激来自不良的生活条件、恶劣气候、营养不良、高生产力的追求还是来自管理不良。采用高水平的动物福利是有机农场中的一个关键部分。为了满足动物福利的需要，有必要了解动物的生理、行为和心理；同时，在提高生产力和生产速度时也不要忽略这一点。在国外，基于社会对家畜的基本的尊重，人们认为有机农业是一个“仁慈”的行业。有机畜牧业生产要满足家畜下列需要：

（1）有易于获得的洁净水源；

（2）使用营养全价平衡的日粮；

（3）运动自由，具有家畜多种行为表现的条件；

（4）对异常现象、不适行为、损伤和疾病要及时发现诊断和治疗，尤其注意防疫工作；

（5）仁慈的管理和运输；

（6）仁慈的屠宰方式。

实施有机畜牧业生产的其他关键部分还包括要有一个熟练的管理人员以及选择和培育适应仁慈制度的家畜品种。欧洲对动物福利描述为动物应得到的自由，包括排除营养不良、物理不适、损伤、疾病和恐吓等。

北美的有机食品生产者协会制订的有机畜牧业标准规定，“所有控制家畜的设备必须有益于家畜一般社会行为、采食和休息”。并且提出一个家畜的环境应满足以下几点：

（1）放牧地足以能满足家畜的活动需要；

（2）具有充足的新鲜空气和阳光；

（3）能经常到放牧地，具有自由开放式通道和其他能够接触天气和土壤的运动区；

（4）适宜的歇息场所；

（5）不受强光、高湿、暴雨和狂风的侵扰；

（6）易于获得干净的水源和高质量的饲料；

（7）具有降低不合理设计、有毒物质、放电、噪声和其他环境因素所造成的对家畜行为和舒适产生副作用的设备。

（三）动物的饲料与营养

1. 对动物营养的基本要求

有机畜产品的生产首先以加强饲养管理为主，按照饲养标准配制日粮，饲料选择以新鲜、优质、无污染为原则，饲料配制做到营养全面，各营养素间相互平衡。所使用的饲料和饲料添加剂必须符合国家有机产品标准《有机产品 生产、加工、标识与管理体系要求》（GB/T 19630—2019）。所用饲料添加剂和添加剂预混料必须具有生产标准文号，其生产企业必须有生产许可证。进口饲料和饲料添加剂必须具有进口许可证。有机食品生产对饲料的规定特别注意：

（1）至少50%的饲料来源于本饲养场基地或其他有机食品饲料生产基地或产地；

（2）禁止使用鸡粪、牛粪或其他畜禽粪便；

（3）禁止使用转基因方法生产的饲料；

(4) 禁止使用动物油脂、肉骨粉、骨粉；

(5) 禁止使用工业合成的油脂。

2. 有机畜牧产品生产对动物营养要求

有机畜牧业生产家畜，营养要引起足够的重视。传统农业中可以见到由于违背家畜生理特点而引起的大规模的灾难，例如英国的疯牛病。如果不按家畜的生理特点进行饲喂，至少会使家畜对疾病的易感性增加，或引起更多和健康有关的问题。

反刍动物可以直接利用人类不能利用的农副产品，可以消化植物中的纤维素和其他成分，并转化成蛋白质，它的基础日粮是粗饲料而不是精饲料。反刍动物的这种功能是靠胃瘤中有益微生物菌群来实现的。饲喂精料会降低胃瘤中的 pH 值，从而使胃瘤微生物菌群发生改变，还会引起炎症。一旦发生炎症，有些细菌就会进入血液，从而引起一些疾病如脂肪肝、乳腺炎、腐蹄病，还会引起繁殖率下降。

在配比日粮时，日粮平衡非常重要。也就是说，在配比日粮时，通过增加或减少蛋白质的百分比来达到日粮中的定额水平。如果日粮以高蛋白饲料（如红三叶草和苜蓿）为基础，那么要通过饲喂秸秆或干草来提高充足的能量，以便平衡过量蛋白。例如，一个高蛋白型日粮如果不平衡就会导致奶牛蛋白不足，乳蛋白率下降。在维持需要情况下，蛋白与能量的比为 1 : 10，产奶时为 1 : 4.6。反刍动物日粮中还可添加一些替代型饲草，如芜菁、甘蓝和洋白菜，但是，这些饲料要按精料对待，并且饲喂时要限量饲喂。160 头奶牛和 1500 头绵羊一天要饲喂 666.7m^2 的芜菁。按照生物动力学的观点，芜菁只能喂给成年家畜，用来提高产奶量；而胡萝卜、甜菜等块根类适于饲喂幼年家畜。

猪是单胃动物，对于常规的品种只喂给牧草型日粮，猪就不能很好地存活，因此，猪需要更多的精料。但是，对于一些特殊品种，如香猪，可以半野生放养，以鲜草为主食，只在冬季补充一些粮食。

禽类日粮也是精料型。与猪类似，禽常用日粮是小麦和大麦。也有不少饲养者用放牧的方式饲养这类家畜。

当家畜需要大量蛋白质，并且饲喂豆科牧草和谷物不能满足需要时，有几种可供选择的饲料：脱皮燕麦（15%以上的蛋白）、豌豆、大豆、亚麻和葵花子。一些作物如亚麻和豆类含有抗营养物质如单宁、植物碱，因此这些作物的利用受到了限制。例如，产蛋鸡日粮中亚麻含量不能超过10%，禽类日粮中的亚麻含量不能超过7%。一般情况下，可以饲喂豌豆和大豆。通过增加饲料作物和牧草的多样性，可以提高饲料中必须微量元素和微量元素的含量，促进家畜健康。一般情况下，维生素和微量元素通过补饲供给。

（四）畜禽的健康与疾病防治

1. 有机畜牧业疫病控制原则

（1）健康养殖和以防为主的原则

选择抗病并适合当地气候和环境特点的家畜品种；

采用能满足动物生物学和生态学特性饲养的饲养方式并控制饲养强度；

提供适合畜禽要求的生活环境，预防传染病，增强畜禽本身抗病能力；

高质量的饲料配合、有规则地运动和放牧有益于提高牲畜自然的免疫力；

保持合适的饲养密度，避免放牧和任何影响牲畜健康的问题。

（2）有机农业中的兽药使用原则

优先使用有机农业标准和条例中列出的草药，如植物提取物（抗生素除外）、香精等，顺势疗法药物，如植物、动物或者矿物质、微量元素及其产品。非化学合成的对抗疗法的兽药或抗生素，如果治疗效果较好则只能在特殊情况下可以使用；

上述物质允许在兽医的监督下使用；

禁止使用化学合成的兽药或抗生素预防疾病。

（3）其他规则

禁止使用促进生长或生产的物质（包括抗生素和其他促进生长的人工制剂）和控制繁殖（诱导或发情调节剂）或其他目的的激素类药物。激素可用于治疗牲畜个体。

允许实施国家或共同体法律规定的对建筑物、装备和设施改善和对牲畜的医疗措施。当生产单位所在地区发生疾病时，可使用免疫药物。

无论何时使用兽药，必须清楚地记录药品种类（包括主要的药理成分）、诊断细节、剂量、管理方法、疗期和清药期。在牲畜及畜产品作为有机生产的产品销售钱上，需要报给检查机构治疗过的大牲畜必须逐个标志这些记录，小家畜（如家禽）可逐个或成批标志。

生产出有机畜产品与最后一次用药间的停药期应是规定时间的 2 倍。如果没有特殊指定，通常为 48h。

除了接种疫苗，清楚寄生虫治疗和其他国家规定动物检疫项目，牲畜或畜群一年中接收 2 次以上或最多 3 个疗程的化学合成抗性兽药或抗生素（或 1 次，若牲畜生长期小于 1 年）的牲畜及畜产品不能作为有机产品销售。

2. 畜禽健康维护的措施

整体管理是有机畜牧业生产的特点，所有的措施必须符合有机标准的要求。在这里推荐加拿大的 Taylor Hyde 设计的有机牛场的整体管理经验，在不使用抗生素、驱虫剂、疫苗和矿物质添加剂的情况下，他的有机牛场的整体管理的几点，这些做法也适合于其他畜种：

建立良好的人畜关系：改变传统观点，要认为家畜的所有疾病都是由养殖人员自己造成的，而不是由生物、气候、政治、法律或技术上的失误造成的。

保持适宜的饲养环境：家畜饲养在合适的地方（避免过度灰尘、泥、冷风和炎症），可降低应激和避免免疫机能下降。

家畜饮用水满足人类饮用水标准：可防止脱水和肺炎菌的繁殖扩散。

定时定量饲喂：防止家畜饥饿或饮食过多，日最少饲喂量占体重的 2%。成年家畜日粮中的干物质最少占 8%，一岁以下占 24%。一天中要有 8h 的采食或放牧时间。

日粮中的矿物质要平衡：饲料要多样化。在放牧区放牧时，家畜吃完牧地的牧草高度一半时，转移地块。这样能防止腐蹄病、红眼病和肺炎。

减少草场粪便污染：放牧时，放牧地中的粪便要少（避免采食腐败牧草）。这样可以减少寄生虫的寄生、降低球虫病、痢疾、红眼病的发病率。

保持日粮稳定：严禁突然改变日粮（如从干饲料变为多汁饲料，由高蛋白饲料改为高能量饲料）。这样可以避免肠毒、酸中毒、肺炎和痢疾。

及时淘汰病残家畜：记录并淘汰所有病残家畜，淘汰空怀母牛。从经过严格选择的畜群中购买种畜。

使用对动物友好的驱赶方式：用一些与动物有关的动物驱赶家畜，不能用暴力方式驱赶家畜。这样可以避免应激，在家畜管理中是一种值得推广的方法。

保持饲粮运动：家畜保持每天都运动。这样可以避免肥胖，提高免疫力。

3. 疫苗接种

根据国家标准《有机产品 生产、加工、标识与管理体系要求》的要求，可使用疫苗预防接种，不应使用基因工程疫苗，但国家强制免疫的疫苗除外。当养殖场有发生某些疾病的危险而又不能用其他方法控制时，可紧急预防接种，包括为了促使母源体抗性物质的产生而采取的接种。

在有机动物养殖过程中，发现接种既有好处又有坏处。它可以抑制自身的免疫机能以及给饲养者一种安全错觉。选用疫苗时，单联苗比多联苗好，多联苗会引起家畜免疫机能产生应激，一些家畜如妊娠家畜和泌乳家畜应激尤其严重。

梭状芽孢杆菌病一般用疫苗接种来控制。这些病菌通常需有诱发因子诱导才能发病，一般情况下不会发病。在管理良好的情况下可以避免这些诱发因子。例如，损伤是黑腿病、恶性水肿和破伤风的诱发因子。肠毒血症的诱发因子通常有寄生虫、缺乏运动、日粮改变、饲料中纤维含量少或日粮中淀粉含量高等。

4. 日常管理与维护

在养殖生产中，人们经常忘记的一件事情是对家畜的观察，或者对观察重视的程度不够。每天要有一定的时间观察家畜（就像放牧、饲喂、圈舍清扫等常规工作一样），并且要派一名细心的人员进行观察，这样可以及时发现问题，及时改变管理方法。

细心观察家畜或对观察到的事情迅速处理可以避免很多问题的发生，减少一些不必要的麻烦。对一个长期在牧场工作的人来说，如何观察家畜是不成问题的，然而那些新到牧场工作的人必须加强这方面能力的培养。每天对你管理的家畜观察一次，你会发现变化越来越明显，这样有助于在问题严重起来之前就进行处理。

5. 紧急疾病的处理

一旦发现家畜不正常应立即采取行动，使用兽药的天然替代物、草药和利用顺势疗法一般能取得很好的效果。及早治疗是关键，切勿等到家畜真的发病了再治疗。对于有机生产的畜牧业，当使用替代疗法不见效时，可在兽医的指导下利用传统兽药进行治疗。

经常使用或预防性使用兽药是不允许的，如果使用，停药期时间要长，至少是传统停药期的 2 倍。某些情况下，肉用家畜使用抗生素就不能按有机产品销售。动物福利是首要的，因此在不能进行顺势疗法时，一味地为了保持有机而停止使用药物也是不可取的。用药确实能收到好的效果，有时必须使用药物以挽救家畜生命或避免不必要的损失，但它不能根除病因。药物疗法通常会掩盖症状，降低动物的免疫机能，结果动物对其他疾病的易感性增加。疾病不能依靠药物来治疗，主要通过锻炼来提高其免疫系统的正常功能。

除了采取必要的治疗措施外，最重要的是研究疾病发生的原因。分析所有可能引起疾病的因素，包括从食物到管理的各个环节。然后，调整管理方式，从而防止此类疾病的再次发生。在有机畜牧业中，造成疾病的大多数原因是不健康的生活方式和饮食营养不平衡。

第三节 水产品的安全生产管理

一、水产品的安全生产的原则

安全水产品的生产总的原则包括三个方面：

一是渔业生产与养殖环境协调的原则。既有利于渔业发展，又有利于生态环境的良性循环。

二是渔业投入品安全有效的原则。即物质和能量的投入产出效率高、浪费少、有毒有害物低于标准。

三是渔业产出物安全、营养和健康的原则。能满足人类食品的消费对数量和质量的标准要求。绿色水产品须采用绿色渔业的生产方式得以实现。绿色渔业是现代渔业和我国传统渔业精华的有机结合。在渔业生产总体发展规划和结构调整中，突出生态的观念，赋予新的内容和理念。

二、水产品的安全生产技术体系与模式

有机水产品的生产技术应涵盖整个水产品生产的过程，包括水产品的产前、产中、产后等一系列环节，是一个有机联系的整体。

有机水产品生产模式主要包括以下几种：

1. 水产科技园区有机生产模式。以高质量的科技成果为核心内容，以高素质的技术队伍为依托，使科技优势形成产业优势，建立高效的有机渔业生产基地。

2. 池塘生态养殖模式。渔业与种植业、畜禽养殖业相结合，通过养殖系统内部的循环利用，达到对各种资源的最佳利用，最大限度地减少养殖过程中废弃物产生，形成适宜当地的自然条件和社会文化经济特点的池塘生态养殖基地。

3. 山区流水养殖模式。依靠山区优质无污染的渔业生产资源，采用流水健康养殖方式，生产有机水产品，并与旅游、垂钓、餐饮业相结合，提高渔业综合效益。

4. 水库养殖生产模式。利用水库的天然饵料资源，进行鱼类增殖和围栏、网栏、网箱养殖，使净水与养鱼富民得到协调发展。

5. 稻田生态养殖模式。这种生产模式实行种养结合，利用稻鱼蟹共生互利的原理，在稻田开展河蟹和鱼类的养殖，在不使稻谷减产的情况下，多生产有机水产品，增加农民收益。在有机水产品生产由现有生产方式逐步达到有机生产标准、实现有机养殖的同时，要根据市场需求建立水产品加工企业，养殖场按照企业的要求生产，企业按照市场需求加工，保障加工水产品的卫生和质量要求，提高水产品的附加值，创建品牌。以水产品加工企业为龙头，带动水产品的加工，开拓国内外市场，与有机生产基地紧密结合，形成产业化生产加工经营体系。

三、有机安全生产技术规范

1. 有机水产品产地生态环境质量要求

安全水产品产地环境的优化选择技术是有机水产品生产的前提。产地环境质量要求包括水产品渔业用水质量、大气环境质量及渔业水域土壤环境质量等要求。淡水渔业水源水质要求包括水质的感官标准：色、嗅、味（不得使鱼、虾、贝、藻类带有异色、异臭、异味）；卫生指标应符合水产行业标准的规定；海水水质的各项指标应符合有机食品的行业规定。

2. 有机水产品生产技术规范

国家标准《有机产品 生产、加工、标识与管理体系要求》，对有机水产品生产形成一定的技术规范，包括渔药、饲料、农药、肥料的使用、加工过程质量控制及包装技术等。在有机水产品生产过程中渔药、农药、饲料使用是水产品质量控制的关键环节之一，不合理使用渔药、饲料、农药、肥料不仅造成环境污染，而且使水产品中药物残留量超标。

国家有机标准《有机产品 生产、加工、标识与管理体系要求》做了详细的规定，在以下几个方面引起注意：

【转换期】

非开放性水域养殖场从常规养殖过渡到有机养殖，至少需要 12 个月的转换期。位于同一非开放性水域内的生产单元的各个部分，不应分开认证，只有整个水体都完全符合有机认证标准后才能获得有机认证。

野生固着生物，在下列情况下可以直接被认证为有机水产品：

水体未受到标准中列出的禁用物质的影响；

水生生态系统处于稳定和可持续的状态。

【养殖场选择】

应该考虑到维持养殖水域生态环境和周围水生、陆生生态系统平衡，并有助于保持所在水域的生物多样性，有机水产养殖场应不受污染源和常规水产养殖场的不利影响。同时，养殖区和捕捞区应界定清楚，以便对水质、饵料、药物等要素进行检查。

【水质】

有机水产养殖场和有机生产水域范围的水质应符合 GB 11607 的规定。

【养殖过程】

基本要求是尽量采取自然的养殖方式，减少人为干预。在饵料方面，可以使用不超过总饵料量 5%（以干物质计）的常规饵料，可以使用天然的矿物元素、维生素等，不应使用合成的促生长剂、合成诱食剂、合成的抗氧化剂及防腐剂、合成色素、非蛋白氮（如尿素等）、与饲养对象同科的生物及其制品、化学制剂制作的饵料及氨基酸、转基因生物及其产品等。

安全水生动物增养殖过程中对病、虫、敌害生物的防治，坚持“全面预防，积极治疗”的方针，强调“防重于治，防治结合”的原则，提倡生态综合防治和使用生物自己、中草药对病虫害进行防治；推广健康养殖技术，改善养殖水体生态环境，科学合理混养和密养，可使用生石灰、漂白粉、二氧化氯、菜籽饼、高锰酸钾和微生物制剂对养殖水体和池塘底泥消毒，以预防水生生物疾病的发生。

如果在预防措施和天然药物治疗无效的情况下，可对水生生物使用常规鱼药，水生生物在 12 个月内只可接受一个疗程常规鱼药治疗。超过允许疗程的，应再经过规定的转换期，之后可被继续作为有机水生生物销售。

第四节　特殊产品的有机生产管理

一、野生植物产品的有机生产

野生植物有机食品生产、采集基地的环境条件必须符合国家标准《有机产品 生产、加工、标识与管理体系要求》，严格按照产地的环境监测规程进行监测、分析和评价，合格后才能被确认为有机食品的生产基地。目前，我国野生有机农产品的生产基地大多处于边远地区，远离城市和工业污染源，生态环境质量一般较好。但产品的采集过程不同，野生农产品的采集地域范围广，涉及的采收人员文化素质差异大，时间跨度长，采集过程很难控制，由于利益的驱动很容易出现不符合操作要求的行为，这就导致野生植物生产力的降低和生物物种的减少，因此野生植物绿色食品的生产必须遵循一定的原则，满足一定的条件。

（一）野生采集的基本原则

野生农产品采集的基本原则是，按照采收对象的生物学特点和采收地区的环境条件，在不超过采集对象每年能够自然恢复的数量范围内进行采集生产。也就是说，每年采收的数量不能超过生态系统可持续生产的产量。目的是保障该种生物资源的可持续利用，达到保护和利用的协调统一。

所以，野生有机食品的采集生产必须遵循“采集行动应有利于维持和保护自然区域功能”的原则。即收获或收集产品时，应考虑生态系统的可持续性，不能引起生态系统的退化。根据这一原则和要求，野生农产品的采集应在以下方面进行质量控制。按照国家标准《有机产品 生产、加工、标识与管理体系要求》，野生采集要符合如下的原则：

第一，区域应边界清晰，并处于稳定和可持续的生产状态。野生农产品应采自有明确土地边界的地区，而且这个地区应被安全食品的检查人员检查合格。

第二，采集地区在采集以前和采收过程中没有施用过化学合成物质的历史。采集区在采集之前的 36 个月内没有受到标准允许使用投入品之外的物质和重金属污染。在有严重人为影响的地域如飞机喷药附近、烟尘和污染物扩散区等区域采集或收获的食品不能作为有机食品。

第三，制定和提交野生采集区可行的生产的管理方案。采集活动不应对环境产生不利影响或对动植物物种造成威胁，采集量不应超过生态系统可持续生产的产量，也不应危害到动植物物种的生存。

（二）野生采集的基地环境条件

从野生采集的基本原则和其生产的特殊性就不难理解环境条件在野生植物有机食品生产中的重要性。因为野生植物不像栽培植物，在生产管理过程中需要各种施肥和病虫害防治等的管理，而在其生长过程中几乎不受任何有目的的管理，只在采集收获时才表现出生产的特点，因此采集产品是否可作为有机食品主要取决于采集基地及周围环境条件。

同其他有机食品产地的选择一样，野生植物有机食品生产也要对产地生态环境条件进行现场调查研究。通过对采集基地及其周边环境质量现状的监测和污染源影响分析，对产地环境质量及其受周围环境影响的程度等作出合理的判断。如果植物生活、生长的环境受到污染，就会对植物的生长造成影响，或者通过水体、土壤和大气等转移在植物体内残留，影响野生植物的品质和质量，并通过食物链威胁人类的健康。因此，野生采集基地或区域的选择应遵循如下原则：

采集区域应选择在空气清新、水质纯净、土壤未受污染、生态环境质量良好的地区。

应尽量避开繁华都市，工业区和交通要道。避免在有污染物扩散的区域采集。

对可能受污染的地区必须进行严格的环境质量监测，确保采集产品没有被污染。

在交通流量大的路边或其他有污染源的地方必须有足够的缓冲带。产品采集或收集区域应与常规农田以及污染区域保持一定的距离，即有足够的缓冲区。

二、食用菌的安全生产

食用菌是可以食用或有食用价值的真菌。随着人民生活水平的提高，对食用菌的需求越来越多，并出现了多样化要求，并且同其他食品一样，对食用菌也提出了绿色、安全性的要求，即安全食用菌的生产。

（一）野生食用菌的安全生产

野生食用菌是在自然条件适宜的环境下，自然生长的一些可食用的真菌。据统计，我国已知的食用菌已有800多种，其中许多是珍稀种类，如正红菇、大红菇、青头菇、美味松乳菇、美味牛肝菌、鸡油菌、干巴菌、美味羊肚菌等都是著名的野生食用菌。这些土生的食用菌多数是与树木共生的外生菌根食用菌，人工栽培困难。世界卫生组织（WHO）和联合国粮农组织（FAO）要求，新食品资源的开发应符合“天然、营养、保健”的原则。绿色食用菌的生产要在这三个要求的基础上，强调食用菌的安全性，即要求食用菌在其生产过程中没有受到污染物质的干扰，不会产生致畸、致癌和致突变的问题。

1. 野生真菌的采集原则

野生食用菌的采集同野菜、野果的采集类似。首先要求采集区域的环境条件优良，符合绿色食品生产基地的环境质量要求，特别是生长真菌的小生境的环境质量，不能有任何的污染。其次，食用菌的采集不能导致菌种退化或消失，必须能维持菌种的可持续的再生产过程。

2. 野生食用真菌生产过程中应注意的问题

由于有些真菌有很强的毒性，而某些可食用菌种很相像，如有毒的伞形毒菌，尤其是能致人死命的毒伞，很容易与可食种相混淆。所以采集野生真菌，必须确认是可食用种，要学会辨认一些常见的可食用菌和一些致命的有毒菌种。

此外，还要了解各种真菌的生长发育条件及其分布。树生真菌生长在树干或树桩上，个体通常较大，羽状无毒，分布很广。但生长于地面土壤中的地生真菌，有些毒性非常大，伞形真菌中任何切开的伤口处菌肉变黄的种类都有可能有毒。如黄斑蘑菇，外形与其他伞形真菌非常相似，但菌株破损处会出现黄色污斑，基部有很明显的亮黄色斑，在夏秋季草地和森林中都有分布，但它是有毒菌种。还有一些真菌本身并没有毒性，但与其他食物一起食用时会中毒，如墨水帽（Coprinus comatus），夏秋季节群生于开阔草地之中，通常采集菌褶仍为白色的幼株食用，但它与酒同时食用会中毒。采集牛肝蕈类时，要注意避开任何带有淡紫色或红色孢子的菌株，除非确信并熟悉其为可食种，因为具有这类特征的真菌都是毒种。如果是到远离居住区的天然环境去采集野生真菌，也要注意结伴而行和必要的防护措施。

（二）人工栽培食用菌的安全生产

食用菌的栽培需要具备的条件有：

（1）栽培材料，包括主要材料和辅助材料。主要材料是生长食用菌的培养基，如野外砍伐的树木、段木，在室外用种木接种进行栽培，也可以用麦秸秆等在室外栽培或用混合培养基进行瓶装或袋装栽培等。辅助材料是指那些为促进菌种生长而添加的营养物质、为防病虫害而添加的防治剂以及为保持食用菌生长需要的湿度而加的诸如石蜡、矿物油等的防水剂。

（2）栽培菌种。食用菌进行人工有机栽培时，对菌种的要求与普通人工栽培没有很大的区别，但应该注意两点。一是选择没有经过基因改造的非转基因品种；二是选择抗性强的品种，这样在不使用有机食品生产违禁投入物时，仍然能够获得良好的产量和品质。

（3）栽培场地及培养所需要的环境条件，特别是水分条件。

有机食用菌的生产也要控制其生产的各种条件，总的原则是生产的食用菌产品不能对其消费者的健康安全构成威胁。所用的培养基中的任何材料如秸秆和树木不应该有被化学农药、激素等有毒有害化学药品处理过。如目前我国广大棉花生产区，很多是使用的转基因抗虫棉，所以这类棉花秸秆做栽培材料生产的蘑菇不能作为有机食品。

以有机食用菌生产为例，生产的具体标准主要包括以下几方面：

（1）培养基

食用菌生产的培养基必须是来自有机生产的产品或者经认证的天然来源的材料。禁止使用合成肥料或杀虫剂之类辅助剂。用来防止水分散失的木料和菌丝体的涂料必须是食用级的石蜡、乳蜡、矿物油或蜂蜡。只要来源清楚，蜡可以循环利用。禁止使用由石油制得的涂料、乳胶漆和油漆等。

另外，不应使用人粪尿或集约化养殖场的畜禽粪便，可以使用有机生产的农家肥和畜禽粪便。

（2）菌丝体

菌丝体的选择要适宜，其来源要清楚，尽可能采用已经颁证的有机菌丝体。如果无法获得有机来源的菌种，可以使用未被禁用物质处理的非有机菌种，一定是非转基因菌种。

（3）害虫和杂菌

对害虫和杂菌的预防性管理禁止使用任何化学杀虫剂。可以进行必要的清洁卫生，适当的空气交换和去除受感染的菌族等方法管理。如可以采用稀氯溶液淋洗消毒、臭氧消毒等方法进行设备消毒、控制杂菌；采用机械控制措施如诱饵和设置物理障碍，利用天敌和寄生虫等的生物控制或国家标准《有机产品 生产、加工、标识与管理体系要求》列出的清洁剂和消毒剂。

（4）培养场地及条件

蘑菇栽培区域的环境条件也应该符合绿色食品产地的环境质量标准，特别是大气环境，直接与农田相毗邻的蘑菇栽培区需有30m以上的隔离带，以防止农药肥料或其他化学合成物质等农业漂浮物的影响，在培养场地和周围禁止使用任何除草剂。栽培食用菌所需的水只能用清洁的井水、河水及池塘水，在城市也可以使用经氯处理过的水，禁止使用明显有污染的水。

（5）收获及后续处理

最大限度地保证在收获、贮存和运输过程中产品的新鲜度和营养成分。要在适当的成熟度时开始收获，迅速进行冷冻处理或干燥处理，在清洁的场所包装，用干净的容器低温贮存。

只有符合国家有机产品标准GB/T 19630操作过程的食用菌生产，才可能获得有机食品食用菌生产的认证。

主要参考文献：

[1] 曹志平，乔玉辉. 有机农业 [M]. 北京：化学工业出版社，2012.

[2] 丁长琴. 中国有机农业发展保障体系研究 [D]. 中国科学技术大学博士学位论文，2012.

[3] 生吉萍，刘灿，申琳. 有机栽培芹菜和普通栽培芹菜的矿物元素与营养物质含量比较研究 [J]. 光谱学与光谱分析. 2009，29（1）：247—249

[4] 郭顺堂. 农业推广硕士食品加工与安全专业复习指南 [M]. 中国农业大学出版社.

[5] 杨永岗，赵克强，周泽江，肖兴基. 中国有机食品的生产和认证 [J]. 中国人口、资源与环境，2002，12（1）：68—71.

[6] JEC889/2008，Commission Regulation（EC）No 889/2008 detailed rules for the implementation of Council Regulation（EC）No 834/2007.

[7] Coody，L. NOP acts on longstanding Recommendations-Materials for livestock production added. The Organic Standard，2008，5（83）：11—12.

[8] Unknown. More substances under NOSB revision. The Organic Standard，2008，2（82）：1.

[9] NOP, National Organic Program.

[10] Huber B, Schmid O. "Standards and Regulations" in Wilier H. The World of Organic Agriculture Statistics and Emerging Trends 2009. Boon, Germany and Frick. Switzerland: International Federation of Organic Agriculture Movements (IFOAM) and Research Institute of Organic Agriculture (FIBL), 2009: 71—74.

[11] Alonso N. Further development in the EU Regulation revision-The EU Parliament approves amendments to the proposed new EU Regulation. The Organic Standard, 2007. 6 (74): 10—11.

[12] Villalon N A. The Organic Standard annual review-Organic sector news and events published in TOS during 2006. The Organic Standard, 2007, 2 (69): 3—7.

[13] EC834/2007, Council Regulation (EC) No 834/2007 on organic production and labeling of organic products with regard to organic production.

第五章

中国有机食品的认证认可制度与法律体系

为建立可持续的农业发展模式，欧盟、美国、日本、中国等国家和地区从20世纪90年代开始，相继实施了有机农业及有机产品认证制度。经过30多年的发展，有机农业已建立了基于健康、生态、公平和关爱的四大原则，发展有机农业也成为一个国家在农业领域保护环境的重要途径。虽然有机农业的内涵随着有机农业发展而产生动态变化，但有机产品认证则始终是有机农业、有机产业的核心要素。有机产品认证制度体系是否成熟已成为衡量一个国家或地区的有机农业及有机产业发展是否成熟的基础。

因此，规范有机产品的认证认可程序，确立有机产品认证认可制度，加强有机产品认证认可的法律监管变得尤为重要。本章节主要介绍了我国有机产品认证认可与监管、法律制度，并通过对比世界有机发展繁荣地区的认证制度，提出了在认证认可方面促进我国有机农业发展的建议。

第一节　中国有机产品的认证认可制度与监管

一、中国有机产品的认证认可制度概述

中国有机产品认证认可制度的建立经历了一个漫长的发展过程。从20世纪80年代开始，中国的许多科研单位就开始了有机食品和生态农业的科研工作（曹志平，乔玉辉，2012）。在随后的1989年，南京科学研究所农村生态

研究室成立，这是中国第一个有机农业联盟。在1990年，浙江省和安徽省的茶园和加工厂获得了有机认证，这是中国企业第一次获得国际有机产品的认证（丁长琴，2012）。1994年，国家环保局有机食品发展中心成立，这标志着我国有机产品的生产认证工作全面开展（杨永岗等，2002）。随后，受到国际和国内市场的推动，中国逐渐推动相关标准、法规的建立，不断完善有机产品的认证认可制度。

2003年，国务院发布《中华人民共和国认证认可条例》，成为中国规范境内认证认可活动及境外认证机构在中国境内活动和开展国际互认的行政法规。为加强对认证认可活动的管理，我国还制订发布了《国家认可机构监督管理办法》《认证培训机构管理办法》《认证机构管理办法》《认证证书和标志管理办法》等规章及文件。有机产品认证、培训、咨询、销售等活动也必须符合上述法规的要求。

2004—2005年，我国正式颁布和实施了有机产品认证的主要标准法规体系：《有机产品认证管理办法》《有机产品认证实施规则》和《有机产品》国家标准（GB/T 19630—2005），标志着我国统一的有机产品认证认可制度的正式建立。随后对有机产品标准进行了修订，2019年国家市场监督管理总局发布了最新的《有机产品生产、加工、标识与管理体系要求》国家标准（GB/T 19630—2019）。

为保证有机产品认证机构公正、科学、有效地开展有机产品认证活动，国家认监委授权中国合格评定国家认可委员会（以下简称国家认可委，CNAS）实施有机认证机构的认可工作。国家认可委是国际认可论坛（IAF）和太平洋认可合作组织（PAC）成员，按国际通行标准结合国际有机运动联盟的有关技术要求及我国有机产品认证的特点，制定了适合我国有机产品认证机构认可规范。该认可规范既符合国际通行的做法，又兼顾了有机认证的特点。

二、中国有机产品的认证认可的监管

中国有机产品认证监管职能主要由国家认监委及各地认证监管部门负责。国家认监委作为全国认证认可工作主管机构，负责认证机构的设立、审批及其从业活动的监督管理，以及对食品、农产品认证认可活动进行统一管理、监督和综合协调；各地出入境检验检疫部门和质量技术监督部门作为地方认证监督部门负责对本辖区认证活动进行监督。为加强对认证行业的监管，国家认监委建立了“法律规范、行政监管、认可约束、行业自律、社会监督”五位一体的监管体系，以国家认监委及国家认可委、中国认证认可协会、地方认证监管部门、认证机构以及社会媒体等为主要监管主体，初步建立快速、有效的联动监管机制。认证机构的设立、检查员的注册、认证活动的进行、有机产品的生产和销售以及有机产品的宣传等都受到上述机制的监管。此外，农业农村部、生态环境部、国家市场监督管理总局等也开展了与有机产品相关的监督检查。

三、中国有机产品的认证认可的监管效果

有机产品认证监管主要采取“认监委组织专项监管+地方认证监管部门实施日常监管”的模式进行。从近年的监管结果来看，有机产品认证获证企业和产品的合格率处于较好水平。

2004 年以来，国家认监委每年都组织对有机产品认证活动的专项监督检查。以 2013 年为例，国家认监委采取网格化、全覆盖检查方式，对 5 个省、8 个市的 33 家有机产品获证企业进行了监督检查，其中 1 家企业被评为“较差”，企业合格率达到 96. 97%。有机产品获证企业的问题主要存在于投入品风险控制、文件管理与农事记录、缓冲带与平行生产等生产现场等环节；涉及认证机构的问题主要在企业风险控制、对获证企业的监督和持续跟踪、审核实施等环节。有机产品专项监督抽检结果详见图 5-1。

虽然有机产品抽检合格率较高，但是仍有农残不合格的产品检出。从 2008—2013 年的抽查结果科研看出，农药残留主要是出现在茶叶中，不合格项目涉及三氯杀螨醇、三唑磷、联苯菊酯、氯氰菊酯和氯氟氰菊酯，其中又以菊酯类的农药残留检出值最高。抽查结果显示，有机茶、有机蔬菜和有机水产品中的铅，有机食用菌中的砷、铅、镉和有机杂粮中的砷、镉的检出率较高，但产品中重金属检测值并未超过国家食品卫生标准中的限量值。这说明我国有机产品认证认可制度还存在不足之处。

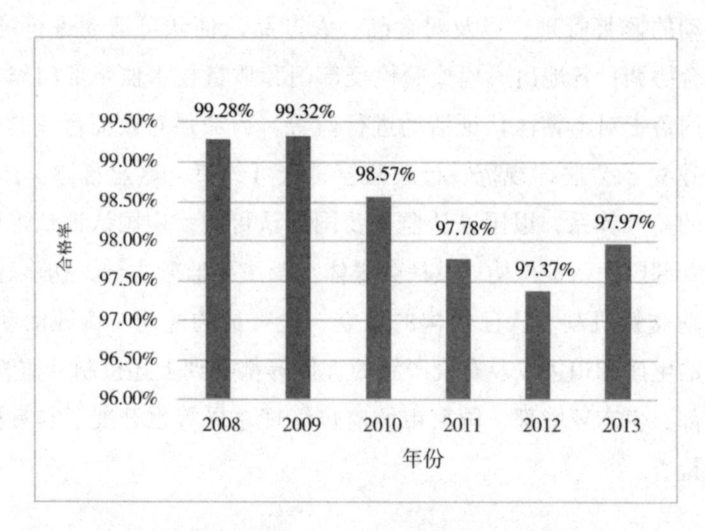

图 5-1　2008—2013 年有机产品专项监督抽检结果

数据来源:《中国有机产品认证与有机产业发展(2014)》。

第二节　中国有机产品的认证认可法律体系评述

中国已经存在有机产品认证认可的法律规范，虽然立法位阶较低，但是也对中国有机产品的认证认可工作发挥了重要的作用。

一、中国有机产品的认证认可法律法规的发展

1995 年 10 月，国家环保总局①有机食品发展中心颁布了《有机（天然）食品标志管理章程（试行）》，第一次对有机食品标志的申请、审批和监督等问题作出了规定。2001 年，国家环保总局废除该《章程》，颁布了《国家环境保护总局关于有机食品认证管理办法》。2006 年，国家环保总局又明令废止了该《办法》（瓮怡洁，2011）。

2003 年 11 月 1 日起实施的《中华人民共和国认证认可条例》，虽然有部

① 2008 年变更为国家环境保护部，2018 年 3 月组建中华人民共和国生态环境部，不再保留环境保护部。

分内容与有机农业有关，可以用来规范有机农业某些问题，但专门针对有机农业的立法则非常有限，并且位阶低。经过 2016 年第一次修订、2020 年第二次修订，目前形成最新的《中华人民共和国认证认可条例》（2020 年修订版）。2004 年，国家质量技术监督局①颁布了《有机产品认证管理办法》（以下简称《认证管理办法》），这是专门针对有机农业的位阶最高的规范性文件。

2009 年 6 月 1 日起实施的《中华人民共和国食品安全法》对有机产品的认证认可做了原则性的规定，2015 年、2018 年和 2021 年分别对其进行了新的修订。

2009 年后，受国内与国际有机产品认证大环境的影响，国家认监委组织了《有机产品认证管理办法》修订工作。修订后的新《有机产品认证管理办法》于 2013 年 11 月 15 日颁布，并于 2014 年 4 月 1 日起正式实施。

至此，中国形成了以《食品安全法》《认证认可条例》为基础，以《有机产品认证管理办法》《有机产品认证实施规则》《有机产品认证目录》和《有机产品》国家标准等重要规章文件为支撑的有机产品认证认可法律体系。

二、《有机产品认证管理办法》的基本内容

《有机产品认证管理办法》共包含 7 章 63 个条款的内容，其中主要变化有以下几个特点：

（1）统一认证范围，设立《有机产品认证目录制度》。在新《有机产品认证管理办法》之前，各个认证机构对有机产品认证范围理解不一致，认证产品种类繁多，其中不乏有机生产技术尚不成熟的高风险产品，甚至于一些获证产品在监督抽查中多次不合格。针对这一问题，新《有机产品认证管理办法》规定对有机产品认证采取目录式的管理方式。国家认监委先后公布了《有机产品认证目录》以及《有机产品认证增补目录（一）》，只有列入目录的产品才能够获得有机认证。风险较高的产品，如蜂产品、枸杞、燕窝等均

① 国家职能部门之一，国家设国家质量技术监督局，2001 年与国家出入境检验检疫局合并成为国家质量监督检验检疫总局，正部级。省以下设置质量技术监督局，省局对各市县区质量技术监督局实行省以下垂直管理。

不在认证范围之内。

（2）建立有机码和证书编号制度，统一认证证书和认证标志。建立"一品一码"17位有机码管理制度，获证产品的最小销售包装上，必须使用有机码；建立统一的认证证书编号制度，所有认证机构根据系统生成的证书编号发放证书。有机码和证书编号都可以通过国家认监委网站进行查询，方便消费者对有机产品的真伪进行验证。

（3）强化"有机"标识的管理，取消转换标志。只有经过有机认证的产品，才能在产品最小销售包装及其标签上使用有机标志和标注含有"有机""ORGANIC"等字样。取消转换标志，避免对消费者的误导。

（4）建立有机产品认证销售证制度，打造诚信链条。为了保证认证委托人所销售的有机产品类别、范围和数量与认证证书中的产品类别、范围和数量一致，要求认证机构通过颁发销售证书确保只有经授权的销售商才能销售有机产品。

（5）规范进口有机产品的监督，保护国内市场。建立进口有机产品入境验证制度，这有利于保护我国消费者的合法权益和国内有机产品市场的健康发展。为确保新《有机产品认证管理办法》针对进口监管规定的有效实施，国家认监委组织制定了《进口有机产品入境验证工作指南》，并要求各出入境检验检疫部门参照实施。

三、《有机产品认证实施规则》的基本内容

2009年后，国家认监委组织了对《有机产品认证实施规则》的修订，2011年12月2日修订的《有机产品认证实施规则》正式颁布，于2012年3月1日起正式实施。与原规则相比，该版实施规则的内容发生了很大的变化，主要内容除包括目的和范围、认证机构要求、认证人员要求、认证依据、认证程序、认证后管理、再认证、认证证书、认证标志的管理、信息报告、认证收费等外，还以附件的形式对有机产品认证证书和销售证书的基本格式、有机产品认证证书编号规则、国家有机产品认证标志编码规则等进行了明确的规定。该版实施规则对认证机构和企业如何开展有机认证、生产更具指导性。

另外，该版《有机产品认证实施规则》要求，只有列入标准附录清单中的物质才可以用作投入物在有机生产、加工中使用。未列入标准附录清单中的物质，认证委托人应在使用前向认证机构提交申请，详细说明使用的必要性和申请使用投入品的组分、组分来源、使用方法、使用条件、使用量以及该物质的分析测试报告（必要时），认证机构应根据有机产品国家标准进行评估。经评估符合要求的，由认证机构报国家认监委批准后方可使用。

2014 年 4 月 23 日，为进一步完善有机产品认证制度，规范有机产品认证活动，保证认证活动的一致性和有效性，国家认监委对 2011 年发布的《有机产品认证实施规则》进行了修订，并以国家认监委 2014 年第 11 号公告的形式发布实施。新版实施规则是根据《中华人民共和国认证认可条例》和新版《有机产品认证管理办法》（国家质检总局 155 号令）等法规、规章的有关规定进行修订的，更加契合当前的实际情况。为进一步完善有机产品认证制度，规范有机产品认证活动，保证认证活动的一致性和有效性，国家认监委发布了新版《有机产品认证实施规则》及新版《有机产品认证目录》。新版《有机产品认证实施规则》于 2020 年 1 月 1 日实施；新版《有机产品认证目录》修订后，产品类别共 46 个，涉及 1136 种产品。

四、《有机产品》国家标准的基本内容

中华人民共和国国家标准《有机产品生产、加工、标识与管理体系要求》由国家认监委组织编写，标准号为 GB/T 19630—2019，2020 年 1 月 1 日开始实施。2019 版有机标准代替《有机产品第 1 部分：生产》（GB/T 19630. 1—2011）、《有机产品第 2 部分：加工》（GB/T 19630. 2—2011）、《有机产品第 3 部分：标识与销售》（GB/T 19630. 3—2011）、《有机产品第 4 部分：管理体系》（GB/T 19630. 4—2011）。《有机产品》标准编制时引入“管理体系”的概念，整合了标准中散落在不同条款中的文件和记录要求，同时考虑到有机管理的自我完善与改进增加了内部检查等内容。管理体系内容的引入不仅便于有机操作者使用，也开创了国际有机标准引入管理体系的先河。

第三节 域外有机产品认证制度的实践与启示

全世界有86个国家和地区制定或正在制定有机农业标准及认证认可制度，但是有些国家和地区的有机农业标准是“完全实施”；有些是“未完全实施”；还有一些国家和地区还处于草案阶段。完全实施的意思是授权机构已经同意认证和认可机构根据已经制定完成的有机农业标准进行认证和认可。未完全实施的意思是虽然标准已经制定完成，但是授权机构还没有同意认证和认可机构根据此标准进行认证认可工作。草案阶段的意思是有机农业标准还在制定和修改中，还没有完全制定成功。到2008年末，完全实施的已有51个国家和地区，其中欧洲有33个，亚太地区有9个，美洲加勒比海地区有8个，非洲有1个，中国的有机农业标准属于“完全实施”之列；未完全实施的有13个国家和地区，其中欧洲有3个，亚太地区有2个，美洲和加勒比海地区有7个，非洲有2个；22个国家和地区的标准尚处于草案阶段（Huber B, Schmid O, 2009）。制定了有机农业标准的国家和地区详见表5-1。

表5-1 制定了有机农业标准的国家和地区

区域	完全实施（51）	非完全实施（13）	草案阶段（22）
欧洲	奥地利、比利时、保加利亚、塞浦路斯、捷克、丹麦、爱沙尼亚、芬兰、法国、德国、希腊、匈牙利、爱尔兰、意大利、拉脱维亚、卢森堡、马其顿、博览、葡萄牙、罗马尼亚、斯洛伐克、斯洛文尼亚、西班牙、瑞典、芬兰、英国、克罗地亚、冰岛、摩尔多瓦、黑山、挪威、瑞士、土耳其	阿尔巴尼亚、塞尔维亚、科索沃	波斯尼亚和黑赛哥维亚、乌克兰、俄罗斯

续表

区域	完全实施（51）	非完全实施（13）	草案阶段（22）
亚太地区	澳大利亚、中国、印度、以色列、日本、泰国、韩国、中国台湾、新西兰	菲律宾、不丹	亚美尼亚、阿塞拜疆格鲁吉亚、中国香港、印度尼西亚、黎巴嫩、越南、沙特阿拉伯、斯里兰卡
美洲和加勒比海地区	阿根廷、巴西、智利、厄瓜多尔、阿根廷、巴西、智利、美国、洪都拉斯、哥伦比亚、危地马拉	厄瓜多尔、美国、洪都拉斯、乌拉圭	古巴、圣罗西亚、尼加拉瓜
非洲	加纳	突尼斯、埃塞俄比亚	喀麦隆、埃及、南非、马达加斯加、肯尼亚、坦桑尼亚、赞比亚

一、欧盟的有机产品认证认可法律规范

1991年欧盟颁布了有机农业法规（EEC2092/91），最初只是作物生产和加工的标准，以及包括了第三国出口欧盟有机产品的政策与标准。欧盟的有机农业法规自颁布起经过了多次修改，在1999年增加了有机畜禽生产、有机蜂产品生产标准、对转基因及其产品的控制以及有机产品标识等内容。2004年发布的有机农业欧洲行动计划的结论中，欧洲理事会要求再次修订EEC2092/91，使有机法规简单化、一致化。2005年12月，欧盟委员会采纳了制定一个新的有机农业法规的提议，并于2007年5月22日讨论通过了修订新的欧盟有机产品法规和有机标识的议案，议案包括151条建议（Alonso N，2007），对原来的法规进行了较大幅度的修订，新的法规在2009年已经生效（Villalon N A，2007）。欧盟的有机农业法规现已改为EC834/2007和EC889/2008。

EC834/2007标准分为7部分42条。第一部分为目标、范围和定义；第二

部分是有机生产的目标和原则，规定了目标和总原则以及适用于农业生产、有机食品加工和有机饲料的具体原则；第三部分是有机生产的规定，对农业生产、加工饲料的生产、食品加工以及标准的适应性做出了基本的规定；第四部分是对标识的要求，包括有机生产术语的使用、强制标识、有机生产标识的使用要求以及对标签的特殊要求；第五部分是对监控体系的要求；第六部分是与第三国贸易的要求，对进口符合该标准的产品以及进口等同标准的产品做出了规定；第七部分是最终法案和过渡期法案的规定（EC834/2007）。

EC889/2008 是对 EC834/2007 内容的具体化，对细节做出详细的规定（JEC889/2008）。新法规对符合进口等同标准的产品进行了具体描述，“符合进口等同标准的产品”是指没有按照欧盟法规认证，但是按照与欧盟法规等效的第三国的有机农业标准进行认证的产品。这样的产品符合以下条件，可以作为有机产品在欧盟成员国进行销售。（1）产品是按照与欧盟新法规的第三部分和第四部分的生产规则等效的标准进行生产。（2）操作者已经得到监控，这些监控等效于欧盟新法规第五部分的控制措施，并且这些措施得到了持续有效的执行。（3）产品获得了第三国的权威机构、主管部门或者认证机构颁发的检查证书，或者欧盟新法规要求的监控机构颁发的检查证书，确认产品符合欧盟新法规的要求（JEC889/2008）。

二、美国的有机产品认证认可法律规范

1990 年，美国成立了国家有机农业标准委员会（National Organic Standards Board，NOSB），制定了“有机食品生产法”，2000 年 12 月发布了最终标准——有机农业法案（National Organic Program，NOP），并于 2001 年 2 月 20 日开始试行，2002 年 10 月正式生效。在美国有机农业法案正式生效后经过了多次修改，例如 2007 年 12 月，美国 NOP 法案增加了可以用于畜禽养殖中的物质，如阿托品、布托啡诺、氟胺烟酸、过氧乙酸、泊洛沙姆、喃苯胺酸、氧氧化镁、甲苯噻嗪、妥拉唾林等，并同时制定了使用这些物质的要求（Coody L，2008）。2008 年，美国有机标准委员会发布禁止两种亲水胶体——琼脂和卡拉胶作为有机的成分使用，把这两种物质列入 NOP 禁止使用的物质名单中（Unknown，2008）。

美国的有机农业法案分为7部分，第一部分是定义；第二部分是范围；第三部分是有机生产和经营要求，包括总则、有机生产和经营体系计划、土地要求、土壤肥力和作物养分的管理和措施标准、种子和作物苗木实施标准、作物轮作措施标准、作物害虫、杂草以及病虫害管理措施标准、野生作物收获标准、畜禽来源、畜禽饲料、畜禽健康保护措施标准、畜禽的生活条件要求、对有机产品经营的要求、虫害控制实施标准、禁止与禁用物质混合、接触的预防实施标准、临时情况的规定；第四部分是标签、标识和市场信息，规定了有机术语的使用、产品组成、有机生产配料的百分比计算、有机标识的使用情况、免予或不予认证的农产品；第五部分是认证，包括认证的一般要求、认证的申请、申请的评审、现场检查、认证的批准、认证的否决、认证的继续；第六部分是认可，包括认可的范围和期限，认可的一般要求、申请认可、申请资料、专长和能力证明、协议书、认可批准、拒绝认可、实地考察、同行评审、年度报告、记录保持及认可更新；第七部分是行政管理，包括国家允许和禁止使用的物质清单、州有机体系的要求、州有机体系的递交、决定和修订、对得到批准的州有机体系的复审、认证认可费用、遵守规定的情况、上述情况及其他情况。美国的有机农业法案把认证和认可要求系统完整地列入其中。①

三、日本的有机产品认证认可法律规范

1935年，日本宗教和哲学领袖网田茂吉就倡导“建立一个不依赖人造化学品和保护稀有资源的农业生态系统”。1960年后，日本民间一些人士纷纷探索保护环境的农业生产体系，并相继产生了一批有机农业的民间交流和促进组织，如自然农法国际基金会、日本有机农业研究会、日本有机农业协会等等。

1992年日本农林水产省制定了《有机农产品蔬菜、水果生产标准》和《有机农产品生产管理要点》，并于1992年将以有机农业为主的农业生产方式列入保护环境型农业政策。日本2000年4月份推出了有机农业标准

① NOP, National Organic Program.

(Japanese Agriculture Standard, JAS)。该标准于2001年4月正式执行，它的出台标志着日本有机农业生产的规范化管理已完全纳入政府行为（科技部，2006)。

日本的有机农业标准由四个独立标准组成：日本有机农产品标准、日本有机食品国家标准、日本有机饲料国家标准、日本有机畜产品国家标准。除了上述的四个标准外，日本政府还制定了《关于有机农产品、有机加工食品、有机饲料以及有机畜产品的生产过程的检查方法》《关于有机农产品及有机饲料的国内生产过程管理者及国外生产过程管理者的认证技术标准》《关于有机加工食品和有机饲料国内生产过程管理者及国外生产过程管理者的认证技术标准》《有机畜产品国内生产过程管理者及国外生产过程管理者的认证技术标准》《关于有机农产品、有机加工食品、有机饲料以及有机畜产品的国内分装业者及国外分装业者的认证技术标准》等系列关于检查认证的法规①。

第四节　完善我国有机产品的认证认可法律体系的思考

我国有机产品的发展面临着极好的历史机遇。中国各级政府日益重视有机农业的发展，把发展有机农业作为调整农业结构和改善食品安全状况的重要战略。但是，我国有机产品的认证认可法律体系还需完善。

一、推动有机产品相关立法，提高立法位阶

很多国家为了规范和促进有机农业的发展，都制定了有机农业法。有机农业立法规定了有机农业的定义与目标、有机农业的监管部门的职责、有机产品标识的要求、有机标准的制定、有机认证机构的检查与认证程序、国家有机农业政策、有机农产品的进口管理等。有机农业法是保证有机农业发展的基本规范。

但是，我国目前还没有制定全国性的有机农业法，对有机农业的管理主

---

① JAS, Japanese Agriculture Standar.

要是根据《农产品质量安全法》《食品卫生法》《计量法》《商标法》《环境保护法》《标准化法》《进出口商品检验法》《反对不正当竞争法》和《消费者权益保护法》等。这与非有机产品的管理方式基本相同，难以达到保护和规范有机农业发展的目的。立法的滞后，造成有机食品市场体系的不规范，部分企业法律意识淡薄，假冒有机食品在市场上泛滥，严重影响了有机食品标签的信誉，有机生产者和消费者的利益得不到保护。因此，必须加快有机农业的立法。

推动有机农业立法，要赋予有机农业适当的法律地位，并对有机认证机构的批准与监管、有机农业标准的制定、认证机构的检查与认证、有机标签的标注与使用等作出明确的规定。其目标应该是：保护真正的有机食品生产商、加工商和交易商的利益，防止假冒产品，促进有机农业的健康发展；促进消费需求，保护消费者的利益；建立严格有序的有机生产体系，制定所有介入者都必须遵循的有机食品生产标准；建立公平、独立的监控和认证体系，所有的有机产品或相关产品必须获得认证；制定相应的标签规定，促进市场的形成，以培育新型的有机食品生产商。

二、建立独立的监管机构，加强对认证机构和行业的监管

在欧美等国家，随着有机农业的发展，政府开始加强对有机认证机构的监督与管理。欧盟根据2092/91条例的规定设立专门的监管机构对有机农业进行管理，认证机构只有通过欧盟官方的监督机构审查授权后，才能从事有机食品的检查认证，也只有经过这些授权机构认证的产品才能作为有机产品出售。欧盟建立了完善的政府或组织间的纵向和横向监控体系（杜相革、王慧敏，2001）。

对认证机构的监督与管理，是保证认证机构的检查与认证公正性与真实性的必要环节。所有层次的控制和管理，都应该保证所有检查和认证机构都受到评估和认可。为了促进我国有机农业持续、健康、快速发展，迫切呼唤建立和完善有机农业监管机构。

为规范有机农业的监管，应制定具体的合格有机认证机构的标准。仅有外部的监管是不够的，还必须通过国家认证机构、私人认证机构和外国认证机构之间的良性竞争，建立认证机构的自我约束机制。

三、有机产品认证的国际互认与合作

截至2013年底，全球共有88个国家建立了自己的有机标准或法规系，12个国家正在进行有机法规的拟定，大部分国家都积极寻求标准与法规体系之间的互认，包括美国、日本、欧盟、加拿大等主要有机产品进口国。

有机认证体系之间的双边互认很大程度建立在政治的基础上，但是也必须有技术评估作为支撑。2009年，美国有机标准（NOP）与加拿大食品检验局（CFIA）制定的《加拿大有机产品条例》（COPR）和《加拿大国家有机标准》（NOS）达成互认协议。根据该协议，生产加工企业获得NOP认证，且认证机构已经获得美国农业部认可，则产品可以标为有机产品在加拿大销售，而无须经过加拿大有机标准认证。同样的，获得加拿大标准认证的产品，且认证机构已经获得加拿大认可，产品可以在美国作为有机产品销售。

美国对一些国家的认可程序进行了承认，包括印度、以色列和新西兰。认证机构经上述国家认可后，无须再经过美国农业部认可，即可开展NOP有机标准的认证业务。不过此类承认仅限认可程序，获证企业还必须依据NOP标准获得认证。

美国、日本和欧盟均可对国外认证机构进行批准认可，但是这种认可的技术难度非常大，费用也较高而且维持认可资质追加后续投入，目前开展较少。我国南京国环有机产品认证中心已经获得美国农业部的认可，成为中国大陆第一家获得此项认可的认证机构，该机构同时也通过了加拿大官方认可与欧盟等效认可。

国家认监委应当积极参加国际相关项目，例如国际有机运动联盟（IF-OAM)、联合国粮农组织（FAO)、联合国贸易促进发展组织（UNCTAD）联合发起的有机认证互认与协调国际工作组的研讨和会议。国家认监委应当派团参加世界有机博览会，与各国有机产品认证管理部门展开交流。同时，积极寻求与欧盟、美国等主要有机产品消费国的标准互认。

国家认监委应当鼓励和支持中国的研究机构、认证机构加强对外交流与合作。推动一些研究机构、认证机构专家到国际有机农业运动联盟

(IFOAM)、国际有机认可中心（IOAS）等任职。推动区域化的有机产品的互认工作，例如推进 APEC 地区有机产品认证互认与合作。

民以食为天，食以安为先。自古以来，食品的安全关系到人类的生存与发展，甚至关系到国家的稳定与兴亡。在食品安全事故频发的今天，有机食品的出现无疑在食品这一领域中有着强大的发展潜力，没有法律规范的市场竞争是无序的，缺少法律依据的监管是低效的，我国的有机食品认证认可监管体系经过初期十几年的发展，在总结自身有机食品行业特点和吸取外国成熟管理经验的基础上逐步完善，尽管现阶段有机食品监管制度存在着缺陷与不足，但这只是这一新兴行业在发展历程中不可避免的阶段。

第五节 有机食品生产的质量保证体系

有机农业迅速发展的动力来源于消费者对有机产品的需求，消费者愿意出高价购买有机产品是因为他们认为有机产品有利于健康，有机生产方式有利于环境保护和有利于发展中国家农民的利益，而如何保证消费者获得他们真正需要的有机产品呢?

一个有机产品如果想在市场内保持竞争能力的话，就要从两个基本的方面去适应变化了的市场：第一，寻找所有的可能性尽量低成本。有机农业行业愈加激化的竞争导致价格竞争，较低的生产成本及销售成本是在市场上站得住脚的前提条件。第二，生产并销售高质量，特别是高价值的产品（所谓的优质高价产品）。通过塑造消费者对不易弄混淆的高价值产品的消费偏好，去避开价格方面的竞争压力。第一条出路只是用于那些具有有利生产条件的企业及那些已经多年从事有机农业生产，且生产技术已经占有一定优势的企业。第二条路适合于任何企业，意味着要付出很大努力，去适应消费者不断提高的质量要求，促使尽可能多的消费者将他们的目光对准高价值的有机农业产品，并为此付出相应较高的价格，而不去购买那些在低水准下生产出来的产品。对大多数的有机农业企业来说，只有当他们在消费者中建立起对其产品的消费偏好时，才能有一个好的前景，这需要进行长期的努力。消费者的消费行为日益趋向极化，即要么购买价格低的，要么购买质量高的。一部分消费者会主要注意那些价格最优惠的有机农业食品。而另一部分明显持续增多的消费者则准备为在他们的眼中被认为是具有特别高价值的有机农业产品付出较高的价格。当然如果这部分消费者不能从众多的食品供给中识别那些超出平均水平的质量特征的话，那他们也就不能对那些产品付出额外高的价格。若在消费者中建立起对有机产品的特别偏好，并且将这一偏好保持下去，就必须考虑消费者对有机农业产品的质量要求，在这里首先要确定的是消费者对产品的质量要求是不断提高的。

对产品质量的理解除了产品本身的质量特征，有机产品还要考虑其所谓的享受价值和道德价值。享受价值不仅意味着味觉方面，而且涉及其相应的外观；道德价值将首先在畜牧方面得以实现。许多消费者已经不再满足于仅仅知道有机农业中不存在强化集中饲养。现在就已经有越来越多的消费者对企业中是否有适合于动物的饲养形式感兴趣了。如果有机农业企业不在这方面加强力量的话，则以常规方式生产的企业由于其在各自不同的范围所采取的积极行动将会夺走一部分原来消费有机肉制品的消费者。

一、有机产品的质量

随着生活水平的提高和对食品在数量上总的需求的饱和，消费者对食品的质量的要求越来越高。谈到质量，人们通常的理解往往较窄，尤其是对自然科学家来说，人们往往限于从营养价值、健康价值以及适用和利用价值去理解。我们对有机食品的质量概念和特征的理解是一种产品所具有的能够满足消费者愿望的所有特征的总和，并且不论这些特征是可以进行客观度量的还是仅仅适合于消费者的主观愿望。人们对于那些仅仅是满足消费者的主观需要的产品的评价程度是随着生活水平的提高而提高，当食物不足时，消费者仅仅着眼于基本效用的满足，消费者的需要重点逐渐向质量特征转移，食物除了必须提供基本效用之外，也还日益被要求提供出一系列附加效用，例如，味道要美等等。人们在购买食品的时候，还要考虑到观念价值的满足。例如关于有利于环境的农业生产方式和体恤牲畜的畜产品生产方式，为了获得附加的效用满足，消费者也情愿支付出较高的价格。

（一）外观及口感

1. 外观

外观是最清楚最直接的质量指标。有机食品有时在外观上不及用农药化肥种出的那么漂亮，水果和蔬菜尤其如此。例如，有机方式种植的猕猴桃往往比用激素打过大果灵处理过的要小一些，有机苹果虫斑可能多一些。但是，消费者往往不会因为是有机种植的就接受你这种不符合外观标准的产品。这一方面需要我们告诉消费者，只要产品本身是有机的，是好的，就不必在乎那一点小毛病；另一方面，要提高种植水平，通过改善生态系统减少病虫害的发生，一旦发生病虫害，要有可靠的手段控制它，不至于影响产品外观。在有机运动初期，欧美的有机果蔬外观并不理想，对销售有影响，后来随着种植水平的提高和大量生物防治措施的应用，产品外观大大改善。

2. 口感

好看很重要，比好看更重要的是好吃。人们普遍认为，有机食品口感比常规食品更好，但找不出科学证据。一方面，口感好坏往往是由人们已经习惯的口味所决定的。喝惯了消毒牛奶的人与喝惯新鲜牛奶的另外一个人，对两种牛奶的评价肯定不一样。另一方面，地域、土质、气候等很多因素可以影响食品的口感。

德国科学家（Schuphan，1976；Wistinghausen，1979；Abele，1982）根据研究指出，作物的生长速度及收获时的生理成熟度对产品的养分如糖分含量有明显影响。如果把“甜”作为口感好的重要指标，那么，德国科学家的研究可以证明，有机生产的食品比常规食品味道好。我们通过试验，选取同一地块、同一品种的芹菜和番茄果实进行比较研究，也表明有机产品在维生素C、矿物元素、水分含量和口感上与常规产品相比具有显著的差异（生吉萍等，2009）。

有意思的是，英国科学家Lindner曾经请30~50名普通消费者做过品尝试验，他们觉得有机蔬菜比常规的好吃，但专业品尝师则认为无明显差别。英国的Lowman1989年在爱丁伯格农业学校（Edingburgh School of Agricluture）请200名消费者做过一次评价有机牛排的实验，结果是有机牛排的总体印象比常规的好吃，但专业品尝师则认为无明显差别。

根据我们对上海超市内有机蔬菜专柜的了解，许多消费者都是回头客，他们往往是在发现有机蔬菜比较好吃后才继续购买的。

（二）工艺适宜性

1. 储存质量和收获后性能

德国的一些研究表明，与口感质量一样，作物的生长速度和收获时的生理成熟对储藏能力和收获后表现有重要影响。有机种植的作物生长较慢，收获时的生理成熟度较高，实验表明其储藏期较长（Samfa3，1997；E1-Saidy，1982；Abele，1987）。湖北农科院张力田教授1999年曾对有机猕猴桃的耐储藏性做过实验，他发现有机猕猴桃在自然条件下可储藏到次年的5月份，而常规的只能储藏到一二月份，这可大大延长货架期，增加农民收入。德国的实验还能证明，有机蔬菜的呼吸率和酶活性较低，因此其储藏损失较低。

德国ihrens（in Meier-Ploeger &Vogtman，1988）根据吉森（Gissen）大学多年的研究结果，总结指出，在超过75%的情况下，只施有机肥的作物收获后的性能是优良的，而增加氮肥的使用量则对作物收获后的性能特别不利。参考的指标主要是：易腐烂性、耐枯萎性、致病微生物的寄生率、过氧化物的活性、亚硝酸盐的形成和维生素C含量的下降。

2. 其他指标

目前有关有机食品加工适宜性的研究还不多。有机种植的谷物蛋白质水平可能较低，不太适合做面包。有机蔬菜干物质含量较高，比较适合腌制。

（三）营养质量

食品的营养质量既包括有益的营养如蛋白质、维生素、微量元素等，也包括不利的营养如农残、添加剂、脂肪等。

1. 农药残留

如果说有机食品不含任何农药残留，其实是不确切的。由于大气、水源和土壤的污染，以及运输、加工和销售过程，谁也不能保证有机食品绝对不含农残或化学物质。但是，由于有机生产过程中不使用农药，有机食品含有农残的概率和数量要比常规食品低得多。在几例查出农残的有机产品中，查到的常常是DDT类农药，因为该类农药分解缓慢，可在环境中存在许多年。

根据法国科学家 Aubort 的报道，1987 年法国的母亲乳汁中 DDT、HCH、PCB 的含量仍然超过 1986 年世界卫生组织公布的最高限。因为，这些有害物质随着生长发育而积蓄在人体脂肪内，最后随乳汁释放出来而危害婴儿。母乳中 DDT 浓度可达牛奶中的 127 倍。减少母乳中 DDT 的方法，一是在怀孕前抽取多余的脂肪，二是吃有机食品。Aubert 的研究表明，当有机食品占饮食比例的 80%时，则乳汁中 DDT 浓度只有吃常规食品妇女的 30%。

除农残外，蔬菜中的硝酸盐也是引起人类发生癌症的原因之一。人体平均每日摄入的硝酸盐，大约有 70%来自蔬菜，约 20%来自饮用水。硝酸盐很容易被作物吸收，吸收后如果不立即用于形成蛋白质，就以硝酸盐的形式储存在细胞中。当蔬菜被人体摄食或烹煮时，硝酸盐就有可能转化成亚硝酸盐，而后者能够与胺结合形成有致癌作用的亚硝酸胺。亚硝酸盐也可与某些农残结合形成有致癌作用的化合物。

植物对硝酸盐的吸收与利用受多重因素影响，包括土壤类型，气候，光照强度和变化，肥料等。叶菜类蔬菜，如莴苣和菠菜尤其容易吸收亚硝酸盐。瑞士科学家（Temperlietal，1982；Vogtmannetal，1984）对有机蔬菜和常规蔬菜中的硝酸盐含量进行比较后，发现两者有明显差别。有机蔬菜中不仅硝酸盐积蓄量较低，而且蛋白氮与硝态氮的比率也较高。

2. 其他毒素与有害残留

吃有机食品可以减少农残和亚硝酸盐的危害。但是，有些天然的物质也是有害的：有些细菌和真菌产生的毒素，如麦角碱就对人体有害。还没有证据表明，有机生产系统比常规系统更容易产生天然毒素，但细致的管理显然有利于避免此类问题的发生。凡是使用化学品控制能够产生毒素的细菌和真菌的地方，杀死的仅仅是微生物，毒素仍然存在。

3. 矿物质和维生素成分

食品中是否含有有害物质只是其营养问题的一个方面。实验（Schuphan，1975 &1976；E1Saidy，1982；Fischer &Richtef，1986；Laironetal，1986；Abele，1987；Bullingetal，1987；Kerpen，1988）表明，大量使用化肥会影响作物的营养成分。随着氮肥使用量的增加，作物中不仅硝酸盐含量增加，而且自由氨基酸、草酸盐和其他不良成分的含量也较高，相反，维生素 C 的含量却较低。

有机农业合理的土壤培肥措施，使作物积极地获取非常全面而平衡的养分。而常规农业提供的是能够被作物直接吸收的可溶性的氮磷钾化肥，作物营养单一、不平衡。

4. 对健康的作用

人们虽然对具体营养物质的作用比较清楚，但由于各营养物质之间，以及营养物质与食品中的其他物质之间的相互作用非常复杂，因此，很难区别有机食品与常规食品对人类健康的影响。由于个体差异、生活习惯和其他环境因素的影响，即使人们的饮食完全相同，也很难确定有机食品对人类健康的作用。一个折中的方法是，测试有机食品对动物健康的影响。根据P10chberser 的实验（1984），给鸡饲喂常规种植的饲料，第一代鸡的 4 周龄和 8 周龄生长率较有机饲喂的高，但 32 周后，采食有机饲料的第二代鸡的体重已超过采食常规饲料的鸡。两年产蛋总质量，有机的比常规的高，蛋黄总重量有机的也高，而常规饲养的鸡的蛋白总重较高。在对饲料的选择上，常规饲养的蛋鸡明显喜欢选择采食有机饲料。

影响食品生理价值的因素太多，因此往往很难确定到底哪些影响是直接由（有机）种植系统引起的。1986 年，Staiger 做过一个实验，给两组家兔分别饲喂有机饲料和常规饲料，同时保证两组饲料的营养成分（化学分析）相近。最后，两组家兔的实验结果还是不一样：有机饲养的家兔受胎率、分娩次数、每胎产仔数均较高；常规饲养的家兔比有机的更易患病。

大量的证据表明，有机种植的食品与常规食品确实存在质量差别，不管是营养价值，还是感官或其他质量。但是，对于消费者来说，就凭这些证据还不足以确定，有机种植的食品总是比常规食品更好、更健康。要最后定论，还要做大量详细深入的研究。

不含农残的食品不一定是有机生产的，含有农残的食品也可能是有机生产的。因此，对有机食品的定义，不是根据农残的多少，而是首先要求它来自有机生产系统。这是国际通行的标准。

有机食品的质量还通过生产方式来体现。近年来，特别是西方消费者的动物保护意识越来越强，公众对工厂化饲养的非人道方式颇有异议。有机饲养就是按照动物的天然行为和生理要求，为家畜创造良好的生活条件。这既符合消费者对动物保护的要求，又可减少动物应激反应，增强其自然抵抗力，从而避免药物治疗。

随着人们环境保护意识的提高，许多消费者，特别是西方发达国家的消费者也非常重视农业生产对环境的影响。恰恰是农业生产系统本身对环境的影响是最大的，由于人们的主观意识和信仰是构成整个质量印象的关键，越来越多的消费者把农业生产系统看作食品的附加质量因素。他们意识到，有机农业系统内，人们自觉地避免使用对环境有害的物资，促进土壤生物活性，通过多样化种植和轮作美化环境，通过地表覆盖减少水土流失。他们愿意购买而且以超过常规食品的价格（有机食品），就是对这种生产方式的鼓励。

二、有机食品的质量监控体系

由于有机食品贸易的复杂性（多环节、跨地区、消费者与生产者不易直接接触）和有机农业生产方式的特殊性（强调生产过程的控制和有机系统的建立），需要有一整套的体系来保证有机食品的质量。宏观上讲，有机食品质量控制体系就是对有机食品生产、加工、贸易、服务等各个环节进行规范约束的一整套管理系统和文件规定，它为消费者提供从土地到餐桌的质量保证，维护消费者对有机食品的信任。它包括有机食品认证机构及其认证标准、政府管理机构及有关政策法规、有机农业协会（联合会）及其章程等。微观上讲，有机食品质量控制体系就是一个有机农场内部的质量管理和文档记录系统，它是有机食品质量的源头。有了健全的农场内部质量控制系统，才能生产出真正让消费者放心的有机食品。

（一）政府监管和政策法规体系

欧美国家的有机农业是从民间发展起来的，最初，政府既没有具体的促进措施也没有监管政策，任何人都可以宣称自己的产品是有机产品，有机食品认证也不够规范，有机产品市场一度鱼目混珠。后来，随着有机农业规模的扩大和有机食品贸易额的增加，特别是有机农业协会和环保组织的呼吁，政府开始重视这一产业，设立专门的监管机构并制定相应的法规进行规范。

美国的有机农业开始于 20 世纪 70 年代，期间各州陆续颁布了一些地方标准，但纷乱复杂，1990 年联邦政府制定“有机食品生产法”，统一了全国的有机食品法律与基本标准。“有机食品”不再是可以随便标示产品的词语，而是要遵守一定的标准并经过检查与审核方能使用。该法规定，各州农业部门可以授权民间独立机构或自行对有机农业生产、加工企业进行认证。只有经过这些机构的检查与审核，才能在产品上标贴“有机”标志。

欧盟于1991年欧盟理事会通过欧盟“有机农业”条例即著名的2092/91号条例，建立了政府或组织间的纵向和横向监控系统。

（二）标识的管理

当前“有机产品”与“常规产品”之间的价格差别较大，有的高出几倍或者十几倍，这种悬殊的差价是否会持续下去呢？调查发现，一方面从事有机农业生产的企业数量和种植面积大幅度增长；另一方面，进口的有机产品的数量也在增加。可见，足够的市场供应，会使有机产品保持悬殊的高价格的时间也不会太长久。

采取统一的标准，来标识“有机产品”，对消费者和生产者的利益均有好处。这样做会增加产品的可靠性，减少对消费者的蒙骗；同时，也有助于减少从事有机农业生产的农民生产者所收到的来自“假有机产品”的不适当竞争。如果能采取这种统一的标识措施，则真正的“有机产品”的销售量在短期内便会至少翻一番。同样地，对于“有机产品”产地来源的标识（如产自联邦德国），也有助于增加消费者的市场透明度。这也就是说，联邦德国有机农业组织机构对其所管的企业在“有机产品”生产方法上的规定，要比国外的组织严格得多。通过对产地的标识将会大大有助于加强有机产品在市场上的地位。这样一种方针对有机农业来说既是充满了机会，又存在着风险。带有统一标记的有机农业产品一方面是与其积极的作用联系在一起的，其可以保护那些刚刚投入有机农业生产的农民免受那些来自常规生产方式的农民特别是食品生产工业的排挤。常规生产方式的农民和食品工业利用现有规定的漏洞将他们以常规方式生产的产品冠以有机食品名义，即所谓的“生物”产品销售出去。另一方面带有统一标记的产品也将带来这样的危险，即许多消费者在购买时将只注意标记，并因此认为所有出售的产品都是在相同的标准下生产出来的，这将迫使有机农业面临与传统农业同样的问题。

（三）有机机构的认可与认证

纵观国际有机农业发展的历史，可以看出，有机农业最初是由欧美国家的一小部分农民自发实践的。当时，人们从事有机生产主要是为了减少农场对外界的依赖性，追求人与自然的和谐，产品除一部分用于自食外，大多数直接销售给附近的居民。就是到了现在，直销仍是欧美有机农场重要的销售方式。但是，随着人们环保和健康意识的提高，以及有机农业概念的传播，消费者对有机食品的数量和种类需求越来越大，有些产品在当地不能生产或者需要在其他地区进行深加工。这时，仅靠直销已经不能满足消费者的需要，有机食品贸易变得越来越跨地区和国际化。在这种条件下，大多数消费者不可能像当初那样，直接到田间地头与生产者面对面的接触，亲自了解生产过程。为了建立消费者与农民之间的信任，出现了有机食品认证。认证就是有认证机构根据认证标准在对有机生产或加工企业进行实地检查之后，对符合认证标准的产品的一种证明。获得认证的产品可以粘贴认证机构的有机产品标志，当消费者看到贴着有机标志的产品时，就知道确实是有机产品，而且从标志可以看出是由哪家认证机构认证的。正如有机农业一样，认证也是一种过程。每个认证机构都有自己的认证标准，其认证标准一般以国际有机农业运动联合会（IFOAM）的基本标准为标准，但更具体、更严格。有机产品认证是有机产品质量控制的关键。而认证的好坏全在于认证机构，决定认证机构的决定因素是检查员，因此，保证认证机构的认证质量就成为有机食品质量控制的主要内容；为确保认证机构的认证质量，根据一套认证机构统一的标准来进行全面审核和评价（认可）。

（四）有机农业协会及其章程

正因为有机农业最初是由民间发起，为了推动有机农业的发展和提高产品的竞争力，多个有机农场联合在一起就形成了有机农业协会。在德国有许多有机农业协会，每个协会都有自己的标准，而且这些标准比欧盟条例更具体、更严格、更具有可操作性。它是有机食品质量控制体系的一部分。如德国的 DEMETER 生物动力农业协会成立于 1924 年，目前是德国第二大有机农业协会。协会会员必须交纳一定会费并严格按照协会标准进行生产管理，同时协会提供规范的技术服务，企业经独立的检查机构按协会标准检查合格后，颁发协会证书，产品可以标贴协会标志。DEMETER 标志闻名有机界，是质量的象征。

（五）团体监控

由于第三国的地理、社会、行政和政治环境往往与欧洲的不同，因此有可能采用特别的程序，如团体监控，即对由小型农场主组成的大集团的检查及对野生植物的检查，在有机认证，特别是新兴国家的有机认证中发挥着重要的作用。使团体监控较为困难的是，生产商集团往往由成百上千的小农场主组成，而每年对每个小生产商检查既无必要也无经济可能，因此采样规模难以确定，多半取决于购买者与出口商之间的合作，出口商可以通过提交文件使认证者完全了解每个生产商所处地区、面积和收成量。透明度越高，监控要求提供的样品数量越低，当地认证成本也越低。

不提供此类清晰、完整的信息就不可能与欧盟的监控系统程序接轨，偶尔供货时则必须进行单独检查。

1. 小农户团体式

即将小农户组织起来，作为一个农场进行操作，实行“五个统一”式的管理培训，统一销售环节，同时与各个农户签订质量保证书，执行小组轮流值班制度。

2. 租赁式

即通过加工厂或贸易公司对某一块地进行承包，农户按承包者的要求进行操作，承包人全部包销此地块的产品。这样农户不用担心产品的销路，但前提是完全按照承包人的要求进行生产。另外，有的地方采用反租倒包的形式进行有机生产管理，即有机公司或加工厂从小农户手中将地块租赁过来，再倒包给愿意按照有机生产标准进行生产的农户，实行统一的管理。这些自愿从事有机生产的农户结成有机农民协会或合作社。有机食品贸易公司或加工厂与合作社签订生产供货合同。合作社实行民主选举，但主席一般是村里的领导或德高望重之人，这有利于与村委会进行协调，每一个农民仍是土地的主人，农民按公司的要求进行种植，农民协会通过一整套的章程要求农民按有机方式生产，并安排专门人员在基地指导、监督，实行以人为核心的内部质量控制。公司保证以高于常规产品市场价收购农民的有机产品，并以每吨产品为单位提出一定的发展基金给合作社，供合作社日常管理支出和弥补个别农民在转换期因经营不善而造成的损失。同时公司在每一个基地长期（以村为单位）派驻一名技术员，该技术员负责检查公司的要求是否得到满足并免费为农民提供技术咨询和培训，公司还不定期地要求外面的专家为公司技术员和农民上课。根据在泰安亚细亚有机食品贸易有限公司的几个蔬菜生产基地的调查，在这种形式的基地，农民收入较高并且有保障；通过周到的技术咨询，农民也知道什么该用、什么不该用，保证有机食品质量成为一种自觉的行动。

3. 公司加农户式

采取租赁式管理，在有机农业生产起主导作用的是公司，直接生产者只要照章办事即可，公司拥有对土地的使用权。但在许多有机农业生产企业，因企业的经济实力的限制，其无力承包具有一定规模的土地，这类情形，大多采取“公司+农户”的形式，在有机种植以前，由公司提出申请认证，组织认证地块上的农民，从事有机种植，农户与公司签订种植协定，对产品质量和保护价格进行书面确定。这种形式，有利于激发众多农户的积极性和参与意识，但管理起来比较困难，这需要公司和公司代理人在当地具有较高的威信和商业信誉。

4. 公司、农户股份制

这是一种具有法律契约关系的合作方式。公司与农户由经济和法律两条纽带连接。这样，农户具有与公司同样的危机感、责任心和成就感。

（六）农场内部质量保证系统

没有有机农业，就谈不上有机食品。因此农场内部质量控制是整个质量控制系统的源头。有机生产者应建立并实施有机管理体系以确保对有机产品实现过程和其他支持过程管理和运作满足规范要求。

有机管理体系的内容包括：

1. 管理方针

有机生产总的宗旨和方向，为了持续地推进有机农业的田地管理和推进方法。

2. 组织概要

生产过程管理、达标判定执行者以及其他相关人员的责任和权限、组织图、章程等。

3. 内部管理过程及规程

为了使管理方针具体化，需要的管理规程包括但不限于：

（1）年栽培计划；

（2）各品种的栽培规程；

（3）机械及器具类的修整、清扫规程；

（4）货批管理规程；

（5）收获后的各道工序的规程；

（6）出货规程；

（7）投入物质的评估和确认规程；

（8）不满意见处理规程；

（9）向认证机构报告及接受监察的规程。

4. 文档记录的建立和保持

文件及数据的管理规程（保存时间 3 年以上）。

5. 合同内容的评审确认

为了确认和实行合同及订单要求事项的规程。

6. 标识和可追溯性

为了实现可追溯性的质量跟踪记录、生产批号的实施系统。

7. 内部监测和测量

为了计划和实施对内部规程的定期重新审阅的规程（包括实施内部规程的修改和预防措施的程序）。包括内部审核、例行检查。

8. 教育、培训

对支持有机生产经营活动的所有成员（包括外部人员）进行的必要的教育和培训的实施规程。

主要参考文献：

[1] 曹志平，乔玉辉. 有机农业 [M]. 北京：化学工业出版社，2012.

[2] 丁长琴. 中国有机农业发展保障体系研究 [D]. 中国科学技术大学博士学位论文，2012.

[3] 生吉萍，刘灿，申琳. 有机栽培芹菜和普通栽培芹菜的矿物元素与营养物质含量比较研究 [J]. 光谱学与光谱分析，2009，29 (1)：247—249.

[4] 生吉萍，刘灿，申琳. 有机和常规种植条件下樱桃番茄的营养物质含量与矿物元素 ICP-AES 分析 [J]. 光谱学与光谱分析，2009，29 (8)：2244—2246.

[5] 杨永岗，赵克强，周泽江，肖兴基. 中国有机食品的生产和认证 [J]. 中国人口、资源与环境，2002，12 (1)：68—71.

[6] 瓮怡洁，Wen Yijie. 有机农业法律规则与政策扶持 [J]. 华南农业大学学报 (社会科学版)，2011，10 (3)：7—16.

[7] 科学技术部中国农村技术开发中心组编. 有机农业在中国 [M]. 北京：中国农业科学技术出版社，2006.

[8] 杜相革，王慧敏主编. 有机农业概论 [M]. 北京：中国农业大学出版社，2001.

[9] JAS，Japanese Agriculture Standard.

[10] JEC889/2008，Commission Regulation (EC) No 889/2008 detailed rules for the implementation of Council Regulation (EC) No 834/2007.

[11] Coody，L. NOP acts on longstanding Recommendations-Materials for livestock production added. The Organic Standard，2008，5 (83)：11—12.

[12] Unknown. More substances under NOSB revision. The Organic Standard，2008，2 (82)：1.

[13] NOP，National Organic Program.

[14] Huber B，Schmid O. "Standards and Regulations" in Wilier H. The World of Organic Agriculture Statistics and Emerging Trends 2009. Boon，Germany and Frick. Switzerland：International Federation of Organic Agriculture Movements (IFOAM) and Research Institute of Organic Agriculture (FIBL)，2009：71—74.

[15] Alonso N. Further development in the EU Regulation revision-The EU Parliament approves amendments to the proposed new EU Regulation. The Organic

Standard, 2007, 6 (74): 10—11.

[16] Villalon N A. The Organic Standard annual review-Organic sector news and events published in TOS during 2006. The Organic Standard, 2007, 2 (69): 3—7.

[17] EC834/2007, Council Regulation (EC) No 834/2007 on organic production and labeling of organic products with regard to organic production.

第六章

有机食品市场与贸易

有机食品的销售与贸易，是有机食品到达消费者手中前的最后一个环节，这个环节是众多利益的交织，其关系十分复杂。而在全球化的今天，有机食品市场与贸易，更是在不同国家的参与下而变得日趋繁荣兴旺。

我国有机产业发展，最初来自出口的推动。经过近 20 多年的发展，出口在我国有机产业中仍占有重要地位，产品主要根据欧盟（EC834/2007；889/2008）、美国（NOP）、日本（JAS）等标准进行认证，并出口到上述国家和地区。

在种植生产中，有机产品按种类主要分为谷物种植、蔬菜和园艺作物种植、水果和坚果种植、豆类及油料作物和茶叶的种植。其中，豆类和油类作物的有机生产面积最大，谷物生产面积次之，水果和坚果有机生产面积位列第 3，蔬菜和茶叶生产面积名列其后。这与我国的有机产品的出口状况相吻合，豆类产品是我国出口量最大的有机产品。

随着我国经济发展和人民生活水平的提高，有机食品的国内市场份额也越来越大，日益受到重视。本章介绍了国内和世界有机食品市场的现状和面对的挑战。无论是国际还是国内市场的开拓，都应积极探索、勇于实践、不断改进，力争把有机产品市场建设得更好。

第一节　中国有机食品市场与贸易

一、中国有机食品市场发展现状

（一）有机产品产值及贸易估计

从国家认监委“食品农产品信息系统”中获取的有机产品产量和产值，可大致估算出我国有机产品的市场规模。图 6-1 显示的是 2011—2016 年有机产品的总产值的变化趋势。可以看出，2011—2013 年有机产品产值并没有呈直线递增，2012 年的有机总产值比 2011 年低了 18%，这可能与 2011、2012 年国务院接连开展“双打”行动部署打击假冒有机产品，同时有机产品认证新规实施，认证数量有一定下降有关系。除此以外的其他年份，我国有机产品产值总体逐年升高，并且从 2014 年开始年产值一直在 1000 亿以上（中国认证认可监督管理委员会，2017）。

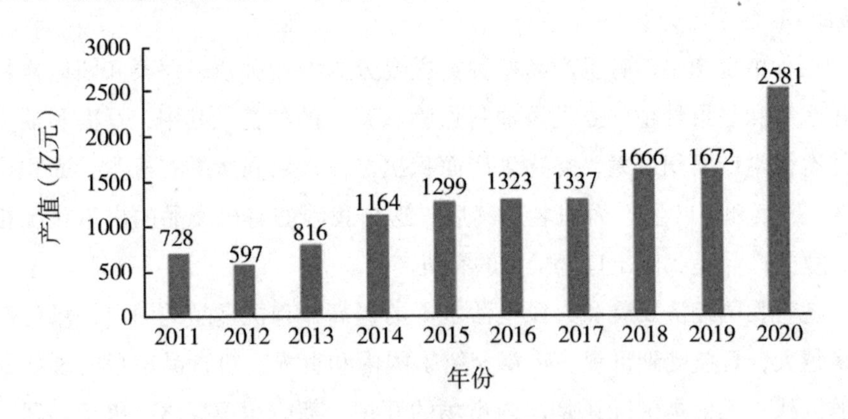

图 6-1　2011—2020 年有机产品总产值变化趋势

资料来源：《中国有机产品认证与有机产业发展（2021）》。

按照《有机产品目录》将我国有机产品的品类进行划分，可分为四大类：植物类、畜禽类、水产类及加工类。在 2016 年，有机产品产值按产品类别统计（如图 6-2），占比最大的是加工类产品，产值达到 862 亿元，占有机产品总产值的65%。在加工类有机产品中，有机产值比重最高的是经处理的液体乳，即有机奶，产值是201亿元，占23%；其次是葡萄酒，总产值为121亿元，所占比例为14%（中国认证认可监督管理委员会，2017）。

2020年，中国各类有机产品产值总计为2581亿元，其中有机加工类产品的产值最高，为1442亿元，占有机产品总产值的55.9%。加工产品中白酒产值最高，达895.1亿元，占加工产品产值的62.1%；其次是畜禽类产品，产值为351亿元，占比为13.6%，谷物类为209亿元，占比8.1%。前3类有机产品的产值占总有机产品产值的77.6%。水果与坚果产值为173亿元，占比6.7%；大豆及其他油料作物的产值为134亿元，占总产值的5.2%。其余有机产品的产值均在100亿元以下，产值占比均低于3%，其中茶、水产、动物产品、野生采集和青稞饲料作物的产值占比较低。

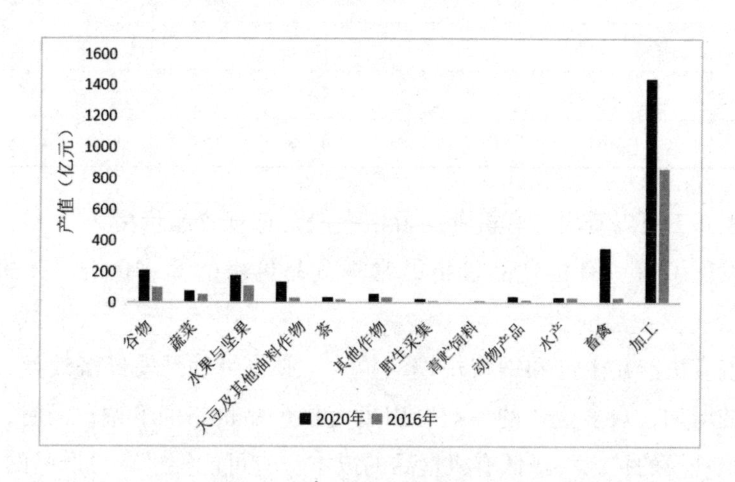

图6-2 2016年和2020年中国各类有机产品产值

（二）有机产品市场格局

在国内，经济发达地区是有机市场相对集中的区域，如北京、上海、大连、广州、深圳等，初步形成了一定规模的有机产品需求市场。据分析，各个区域的有机产业发展又各具特色：

（1）北京和上海地区的有机农场主要以蔬菜类农产品种植为主，企业通过自身的独特定位，获得了市场的发展空间，实现农场内部生产的内循环，使用有机肥种植作物会得到相应的政府补贴，并将旅游业和传统农业结合，创造了都市有机农业的新模式；

（2）大连作为我国有机产业发展最早和比较集中区域，从有机产品生产和加工业整体看，大多数企业经营的是杂粮、豆油等农产品，以外贸出口为主；

（3）广州、深圳已经初步形成将有机食品作为礼品和团体采购进行销售的情况，效果较好，但缺少引导，未形成稳定的市场规模。

（三）有机产品市场价格

有机食品的销售价格受供需两方的影响，并且也受成本的制约。邹卫华等（2011）比较了有机食品价格与常规食品价格（如表6-1）。

表6-1 有机食品和常规食品价格比率 单位：元/斤

类别	平均常规食品价格	平均有机食品价格	价格比率
蔬菜	2.5	9	3.6
水果	2.5	10.5	4.2
谷类	3.95	10.6	2.68
肉类	10.9	45.2	4.15

从表6.1可以看出，有机食品价格一般是常规食品价格2~5倍，我们的调研也发现了有些有机食品价格是常规食品价格的8~10倍，有的达到几十倍。

随着有机产品生产和销售规模的扩大，必将带动规模经济效益、产量和供货量的增加，众多企业的参与会引发有机产品价格的下调；同时，技术创新及种植规模的扩大将降低有机食品的成本，有可能推进有机产品的普及化。此外，有机农业的发展和有机食品的开发还不仅仅是一种生产和经济行为，它还涉及食品安全、环境保护、可持续发展、生态道德、社会公正等诸多方面，消费者购买有机食品不仅仅是为了个人和家庭的健康，同样还需要认同有机农业所包含的环境理念、社会发展理念。

二、国内有机市场消费群体及影响因素

（一）有机消费群体构成及特征

在国家认监委出版的2016年报告中，分析了中国有机食品消费者的情况

（中国认证认可监督管理委员会，2016）。研究主要选取了年龄、性别、职业三个维度对消费者群体进行划分，有机食品消费者的年龄主要集中在 20~40 岁，占到了消费者群体的 69%；其次是 40~50 岁，占 17%；20 岁以下占 8%；而最少的是 50 岁以上，只占 6%（图 6-3）。

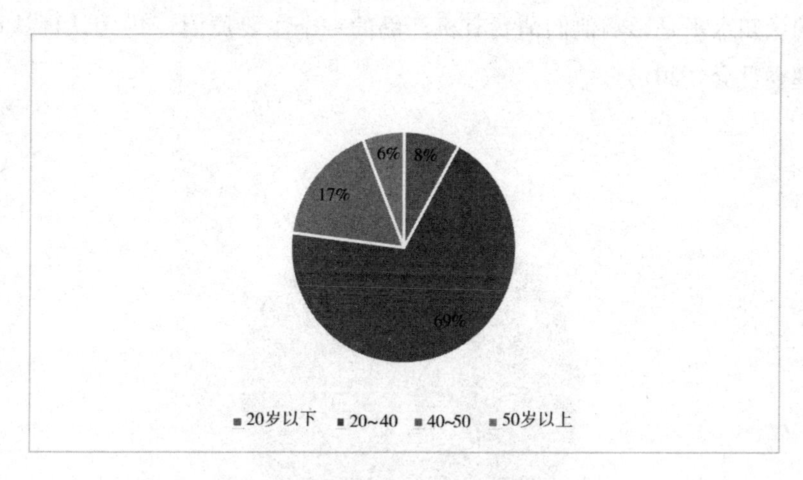

图 6-3　有机食品消费人员年龄构成

有机消费群体在性别上的差异不大，如图 6-4，男女消费比例基本相同（中国认证认可监督管理委员会，2016）。

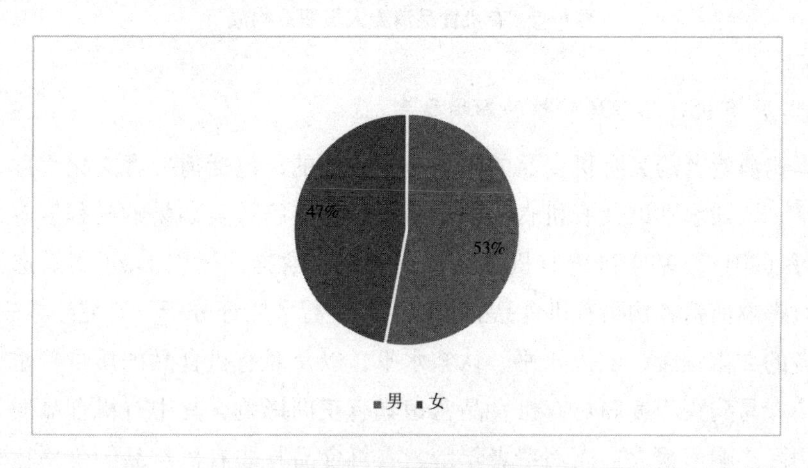

图 6-4　有机食品消费者性别构成

在职业构成方面，消费人员分布如图6-5，购买有机产品的消费者主要是白领（25%）、公务员或事业单位职员（20%）和教师（38%），他们的月收入在3000元~5000元。其他职业如自由职业者、老板所占消费份额较少，均为5%，月收入均在5000元以上，尽管这部分消费者收入较高，但对有机产品的认知水平是影响他们消费有机产品的一个主要原因（中国认证认可监督管理委员会，2016）。

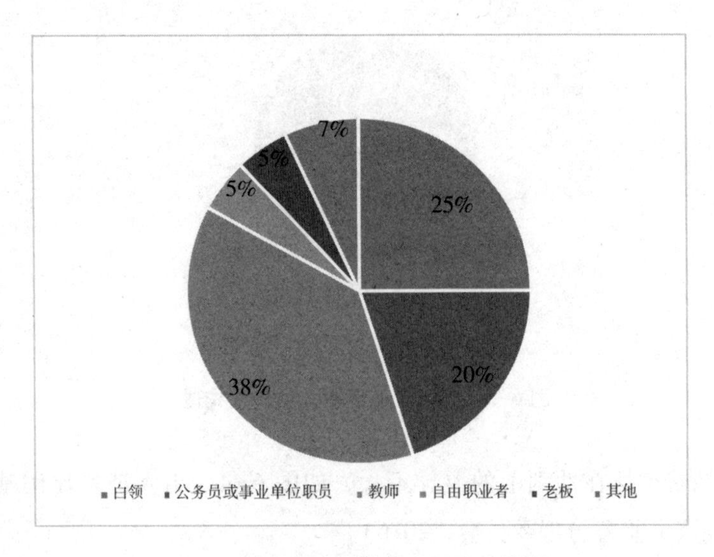

图6-5　有机食品消费人员职业构成

（二）有机产品市场营销的影响要素

影响消费者购买有机食品的因素是多方面的，包括消费者文化程度、收入水平、认知水平以及有机食品的质量要求、品牌效益和易购买程度等。邹卫华等（2011）基于国内有机食品市场的调查数据，运用Logit离散选择模型，对影响消费者购买有机食品的各种因素进行了实证分析。研究结果表明，消费者的文化程度、收入水平、认知水平，以及对有机食品的质量要求、品牌效应和易购买程度等对有机食品营销具有正向影响，其中有机食品质量安全的边际影响值最大；而消费者年龄、有机食品与非有机食品的价格比率等因素具有负向影响；消费者性别、消费频次等因素则影响不显著。从具体数据来看（表6-2），文化程度高的消费者购买有机食品的概率要比文化程度低的消费者高出13%；收入水平高的消费者购买有机食品的概率要比收入水平低的高出20.3%；认知水平高的消费者购买有机食品的概率要比收入水平低的高出20.3%；认知水平高的消费者购买有机食品的概率要比认知水平低的高出11.9%；消费者购买有质量保证的有机食品的概率比没有质量保证的有机食品高20%；消费者购买品牌有机食品的概率比非品牌有机食品的概率高9%；对于方便购买的有机食品概率比不方便购买的概率高13.1%；有机食品与非有机食品的价格比率高的购买概率低于价格比率低的购买概率8.4%；年轻的购买者比例高于年长者比例14.0%。

表6-2 消费者购买有机食品影响因素

	影响因素	消费者购买差异概率（%）
消费者	消费者文化程度	13.0
	收入水平	20.3
	认知水平	11.0
	年龄	14.0
有机产品	有机食品自身的质量保证	20.0
	品牌效应	9.0
	易购买程度	13.1
	价格因素	8.4

三、我国有机食品主要营销渠道

目前，国内还没有较为全面的资料来分析有机产品的销售情况，但若以供应链终端为划分基准，基本能够反映我国有机农产品市场销售现状（张新民，2011）。目前我国有机农产品销售渠道基本形成三种发展模式：（1）以连锁超市为供应终端的有机农产品销售渠道；（2）以专卖店为供应终端的有机农产品销售渠道；（3）以互联网（包括电话等方式）进行有机农产品销售、配送的渠道。这三大销售渠道各有优劣势，互为补充。主要比较情况如表6-3。

表 6-3 有机食品主要营销渠道比较分析

主要营销渠道	运作模式	优点	缺点
终端超市	有机生产企业或经销商进店销售	客流量大 树立品牌	成本高
有机专卖店	自产和采购相结合	品牌运作增加消费者忠诚度	运营成本高，无法形成规模效应
线上、电话	网店或直接电话销售	门槛、成本低	短期无法建立消费者信任

四、国内有机市场的新型贸易形式

（一）有机农场生态旅游市场与农场直销

大城市周边的有机农场，无论是大型超市的供应商，还是有机连锁超市的配套农场，为了拓宽销售渠道、扩大影响，推出了生态旅游或农场直销业务以及农场配送/团购，有的还进入了餐饮市场。譬如上海的百欧欢有机农场、南京普朗克农场、乐活城的之万有机农庄等。

有机农夫市场、小毛驴市民农园是最近两年出现的新型有机农产品销售平台，由关注生态农业和“三农”问题的消费者志愿发起，通过搭建这样一个平台，让从事有机农业的农户能够和消费者直接沟通、交流，也帮助农户拓宽市场渠道。尽管没有有机认证，但顾客和农户之间已经建立了信任。

（二）以团购、酒店等进行有机农产品直销渠道

由于我国存在团购消费市场，给有机农产品直销提供了巨大发展空间，团购等直销渠道成为目前我国有机农产品市场的销售渠道之一。有些有机食品生产企业的产品不需进入流通领域销售，而是依靠其所在地的团购市场。团购市场有着较高的利润和相对较少的流通和销售成本，在团购中规模较大的企业通过定制卡的形式来满足客户的需求。团购的优势在于中间环节少，批量较大，业务开展时间相对集中，运营成本低。缺点是要求供货过于集中，有机农产品多是鲜活产品，不宜长时间保存，生产难以有效安排。

我国有机餐饮行业还没有真正开始。由于有机农产品品质和风味普遍好于常规农产品，一些高档酒店在原料上开始选择有机农产品，主要包括有机

鸡蛋，有机食用油，有机牛奶、酸奶等。很多餐饮企业如一茶一座、千岛湖有机鱼、南京普朗克有机餐饮等，推出一道或多道有机菜式的形式来顺应有机餐饮的发展。传统素食餐厅也越来越多地使用有机食材，如北京的静心莲、上海枣子树等都是和佛教理念有关的素食餐厅。新疆和内蒙古的有机牛羊肉主要走高档酒店和餐饮销售渠道。酒店渠道一般比较稳定，供货价格也较高，供应商利润较高，同时对产品质量要求较高，目前来说销量有限。

（三）大型赛事或活动中的有机产品销售渠道

随着我国综合实力的不断增强，越来越多的诸如北京奥运会、上海世博会和广州亚运会等具有国际影响力的大型赛事或活动选择在我国举办，这对食品安全提出了更高要求，而有机食品的优势不言而喻。在国际大型赛事活动场合促进有机食品消费是一这种新的营销思路，充分利用城郊有机农场，有利于迅速便捷地满足大型活动对有机食品的需求，加快城郊农业经济的发展，扩大有机食品的影响力和消费市场。

北京奥组委会同北京市有关部门颁布并出台了《2008 年北京奥运食品安全行动纲要》，对奥运食品供应基地（企业）的生产资质、产地环境条件、生产加工过程等作出了严格要求，奥运会的举办，极大促进了北京城郊保留农田地区有机食品基地的建设，城郊各地纷纷利用与城区距离近、可保证有机食品快捷输送的优势，大力发展有机食品生产。

有机食品的销售状况是决定有机产业发展速度的关键因素。国际性赛事和大型活动是一个很好的有机食品消费平台，不仅能够让消费者享受到安全、美味的有机食品，还能将有机食品的环保内涵进行广泛宣传。同时充分利用有机食品产业，可促进城郊农田由单一功能向集中生产、生物多样性保护、水土保持、休闲旅游等综合服务功能转型。

（四）产品博览会

有机食品展会是展示有机农业发展成就、促进有机农产品贸易、培育壮大有机农业品牌、推动合作交流的平台。近年来，国内外相关机构举办的有机食品展会活动数量每年均有增长。据初步统计，仅 2013 年各地共举办以有机产品为主题的各类产销会展活动多达 20 多场次，参加展会的国内外参展商近万人。

中国国际有机食品博览会（BioFach China）是全球知名的有机贸易博览会德国纽伦堡国际有机食品博览会（BioFach）在我国的子展，由德国纽伦堡展览公司与我国农业农村部绿色食品发展中心共同主办，自2007开始每年在上海和北京举办一届。目前它的名称是中国国际有机食品和绿色食品博览会（简称：CIOE），涵盖了全球范围系列的有机绿色食品，它作为亚洲地区有机绿色食品行业规模最大、最具影响力的行业盛会，展会每年两届分别在北京、上海举办，至今已成功举办十九届，是有机绿色食品行业精英同仁每年必聚的交流盛会，顺应产品市场需求，致力打造亚洲最佳有机食品和绿色食品一站式采购和技术交流平台，共同助推引领有机绿色食品行业的快速发展。经过近十几年的发展，我国国际有机食品博览会已经成为亚洲最重要的有机行业贸易博览会，是中国有机产业发展的风向标，也是采购商、经销商收集市场信息、联络供应商、集中采购的理想场所。

第二节　中国有机产品国际贸易状况

一、中国有机产品出口贸易概况

（一）中国有机食品出口总量及区域分布

根据南京OFDC、法国ECOCERT、德国BCS、德国CERES、意大利CCPB、日本JONA、巴西IBD、意大利BAC和澳大利亚NASAA和希腊ACERT等机构或其分包方上报的数据，2020年中国有机产品总出口贸易额为13.4亿美元，总贸易量为49.24万吨。2020年有机产品出口以初级农产品为主。初级农产品出口贸易量为26.82万吨，贸易额为2.8亿美元；加工产品的贸易量为22.31万吨，贸易额为10.6亿美元。此外，有机野生采集产品出口贸易额为97万美元，贸易量为98.51吨；有机动物产品出口贸易额为352万美元，贸易量为1026吨。

2020年有机产品贸易出口中，中国有机产品共出口到30多个国家和地区。这些国家包括欧洲的英国、德国、荷兰、意大利、法国、丹麦、西班牙等国家，亚洲的日本、韩国、新加坡和泰国等，北美洲的加拿大和美国等国家，以及大洋洲的澳大利亚和新西兰等国家。另外，中国的有机产品也出口到了非洲、南美洲等地区。图 6-6 为 2020 年中国有机产品出口贸易区城所在的大洲分布情况。可以看出，2020 年有机产品出口贸易区域主要分布在欧洲，其次是美洲和亚洲。2020 年有机产品出口贸易额在欧洲的占比分别为 79.26%，较 2019 年增加了 21.36%；贸易量在欧洲的占比为 65.29%，较 2019 年增加了 7.39%。2020 年中国有机产品对北美洲的出口贸易额和贸易量占比分别为 17.32%和 20.85%，贸易额较 2019 年减少了 4.07%，贸易量较 2019 年增加了 7.60%，2020 年中国对亚洲国家的出口贸易额和贸易量占比分别为 1.72%和 5.90%，分别较 2019 年减少了 25.2%和 21.02%。

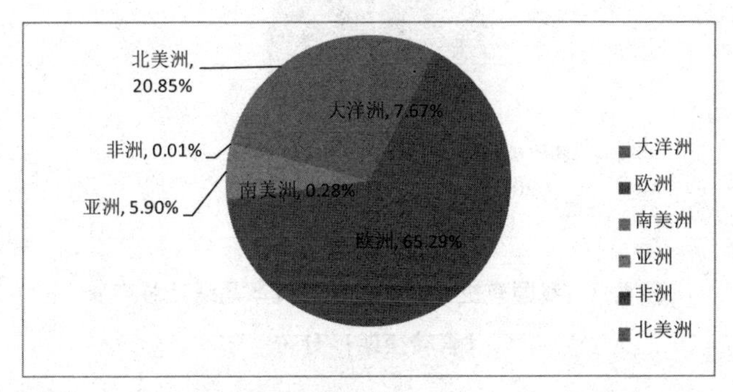

(a)贸易量占比

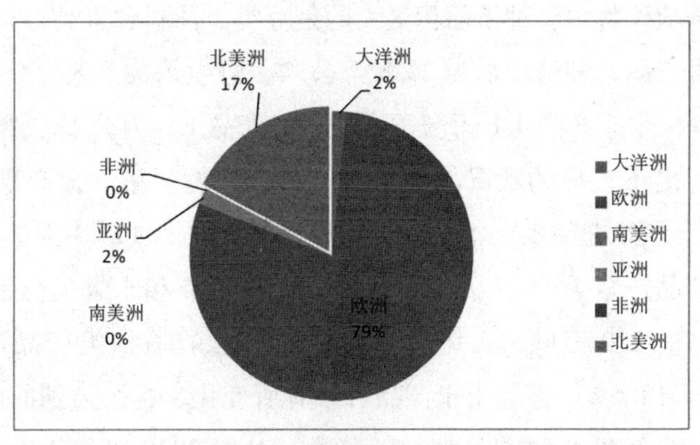

(b)贸易额占比

图 6-6　2020 年中国有机产品出口贸易区域所在大洲分布

(二)中国有机食品出口产品生产状况

根据出口食品的主要品种，我们将出口品类主要分为植物类产品、畜禽产品、加工产品和水产品。按照国外有机标准进行认证、生产的植物类产品有谷物类、蔬菜类、水果与坚果等。到2020年，认证总面积为86.97万公顷，其中有机认证面积84.47万（97.1%），转换期认证面积为2.50万公顷（2.9%）。

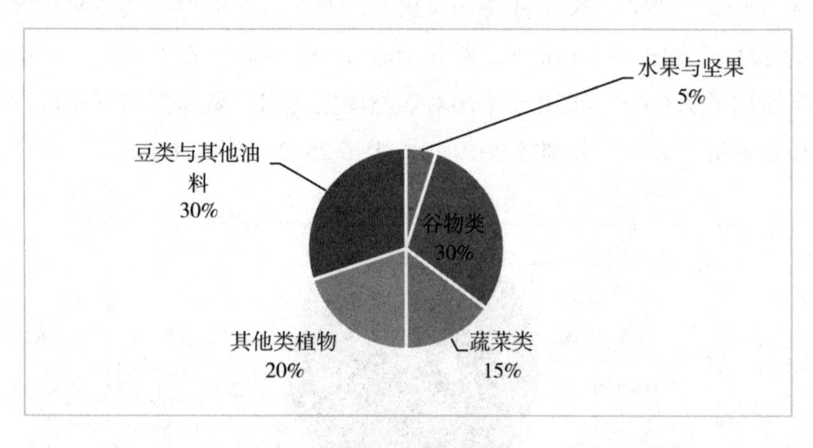

图6-7　我国有机食品出口植物类产品认证总产量（含转换期）分布

在所有种植作物中，种植面积最大的是豆类、油料和薯类，38.0万公顷。其次是谷物类产品，种植面积为22.8万公顷，野生采集9.8万公顷，草及割草6.1万公顷，水果产品4.6万公顷，蔬菜类产品1.9万公顷。然而，产量与种植面积呈现出不一样的状况，谷物类产品产量位居第一，产量达到232.3万吨（54%），其次是豆类、油料和薯类产品的产量为115.1万吨（27.0%），草及割草类产品产量为36.7万吨（9.0%），蔬菜类和水果类分别是21.0万吨（5.0%）和12.0万吨（3.0%）。2020年，总的植物类产品产量相较于2019年降低了18.5%，但是由于产品目录有所变化，各个类别的产品与2019年差异略大。分类没变的有谷物和蔬菜类，其中2020年谷物的认证面积较2019年只增加了0.5万公顷，但是产量却增加了73.08万吨，增幅达到了45.9%。而蔬菜类产品的面积和产量相较于2019年均是降低的，分别降低了

17.5%和18.7%。2019年水果和坚果这两类产品是放在一起统计，其面积和产量分别为4.69万公顷和19万吨。而新的产品目录将水果和坚果作为两类产品，并且在坚果这一类别中还加入了含油果、香料和饮料作物这些产品，其中，水果的面积和产量分别为4.62万公顷和12万吨，坚果这一类别的面积和产量分别为0.86万公顷和4.24万吨。新的产品目录中，豆类、油料和薯类是一类产品，而之前的产品分类是将豆类与其他油料作物作为一类产品，因此这些产品在两年间也无法很好地做出比较。

（三）我国进口有机产品认证

2020年中国有机产品境外认证总面积为67.8万公顷（含牧场面积54.1万公顷），总产量为658.7万吨，其中面积和产量最大的产品均是糖料作物，面积为4.13万公顷，产量为327.6万吨，其认证面积和产量分别占所有产品的6.1%和49.7%。按照产品种类来看，植物类产品认证面积13.7万公频（含野生采集植物），认证产量位370.7万吨；畜禽类认证面积（牧场面积）为54.1万公顷，认证数量为29.9万头，产量为190.1万吨；加工类产品的认证产量为97.9万吨。2016—2020年在境外认证的种植类作物，主要包括谷物、蔬菜、水果坚果和含油果以及香料和饮料作物、豆类油料和薯类、棉麻和糖、草及割草、野生采集、中药材9种类别。

第三节 全球有机食品市场与贸易

一、全球有机食品贸易概况

全球有机食品市场正在以10%~20%的速度增长，几年内将达到1000亿美元。“有机观察”（Organic Monitor）调查统计结果显示，2015年有机食品（含饮料）的销售额达到了816亿美元（FiBL &IFOAM，2017），北美增长得最快，占世界销售额的一半以上。虽然全球有179个国家实践有机农业，但是绝大部分的销售额却是由欧洲和北美洲这两个地区产生的。然而当有机市场开始扎根于亚洲、拉丁美洲和非洲以后，这两个地区的有机食品份额稍有下降。北美、欧洲有机产品市场的销售额分别为433亿美元（占全球销售额的53%）、311美元（增长了10%以上）。全球有机食品人均消费最高的三个国家是瑞士（262.2欧元）、丹麦（190.7欧元）和瑞典（177.1欧元）。有机产品的主要进口市场为欧盟、美国、加拿大和日本。其他地区尤其是亚洲、拉丁美洲和非洲的有机食品，主要用于出口。在亚洲，有机农产品需求主要集中在日本、韩国、新加坡等富裕的国家和地区。

二、全球主要有机产品市场

综合进出口贸易以及本国人民消费情况，目前主要的有机食品市场可以分为北美、欧洲和日本。据统计，2000—2005年，欧盟、美国及日本的有机食品销售年平均增长率为22%。主要原因可以归结于上述国家对农业可持续发展问题认识较早、投入力度大，再加上国家给予相关政策来支持和鼓励农民进行有机农业生产，因此在欧美及日本等国家有机农业发展得比较快。

（一）北美有机食品市场

虽然北美只占了全球不足7%的有机农地，它却是世界最大的有机食品（含饮料）市场。美国是全球最大的有机食品市场，其有机食品市场约占所有食品销售额的5%。生鲜产品是最大的品类，超过10%的水果和蔬菜销售额是由有机产品产生的。有机乳制品是第二大品类，牛奶和酸奶是最受欢迎的产品。为了缓解有机食品供不应求的局面，美国从各大洲进口有机食品。除了有机果蔬，还有很大份额的有机原材料、配料也需进口，包括：谷物、油料作物、药草、香料和糖。美国和加拿大的出口食品市场也在增长，两国都采取了一些促进国际贸易的措施。美国政府已经同欧盟、瑞士、中国台湾、日本和韩国签订了有机等效协议。北美的有机食品在各大主流零售店都建立了渠道，大型零售商也贡献了更多的销售额。所有主要的大型连锁超市都开始销售自有品牌的有机食品。资本继续注入有机食品行业。Whitewave Foods是美国最大的有机食品企业，2016年6月被法国跨国公司达能集团（Danone）以125亿美元的价格收购。Whitewave Foods拥有很多有机食品品牌，比如Silk、Earthbound Farm、Provamel等。

有机食品在美国是发展速度最快的产业之一，我们现在从非有机食品销售渠道也能买到几乎所有种类的有机食品。如有机谷物、水果、蔬菜、坚果和香料、有机葡萄酒、糖浆等。发展相对快的种类还有有机番茄酱、油、麦片、冷冻蔬菜和速冻食品等。在有机农业领域，发展速度最快可能要数有机鸡蛋和有机奶、酸奶、奶酪及其他系列奶制品了。由于维生素生产和食品配料对有机中草药的需求日益增长，因此无论是野生或是人工种植的有机中草药，其市场增加速度也很快。此外随着公众对有机棉加工的衣服、被褥和其他制品的需求增加，有机棉的市场也在逐步扩大，用有机方法生产的花卉及其他非食品类产品的市场也具有很大的发展潜力。欧洲和日本市场对有机产品的大量需求是推动美国有机农业迅速发展的主要动因。

2019 年，北美洲有机市场持续增长，贸易额超过 482 亿欧元。自 2018 年以来，加拿大有机市场增长了近 12%，美国有机市场增长了 10%。美国是世界上最大的单一有机市场，在地区层面上北美洲依旧是全球最大的有机市场区域。2019 年，美国的有机产品人均消费为 136 欧元，而加拿大人均消费约为 93 欧元。2019 年，加拿大零售总额中有机销售份额为 3%，美国则为 6%。美国是有机产品的主要进口国，其消费的蔬菜和水果中，进口占到了 25%～40%。同时，进口中有半数以上是来自墨西哥。据调查，为有机生产者提供的最好领域是面向出口的国家当地没有或不能生产的产品。除此之外，还可供应当地时令季节供不应求的有机水果、蔬菜等等。以上这些因素都作用于美国市场，激励着产品消费。可以想象，在不久的将来，美国有机市场仍能以每年 20%甚至更高的比例扩张。对有机食品的进口需求会持续增长，美国有机市场也将由微不足道逐步上升为贸易的主流地位。一些零售商为了增加其声望和促进有机产品的销售，还注册了经销商自己的有机商标品牌。

（二）欧洲有机食品市场

20 世纪 80 年代初，北部欧洲国家有机食品市场开始发展起来，其动力来自消费者对健康和营养问题的日益关注及其环保意识的不断加强。起初有小部分消费者愿意为以有机方式生产的食品支付更高的价格，这样引导了其他消费者。其后新闻媒体的介入、环保活动的开展及食品丑闻的接连发生促使人们追求无污染的食品，进一步刺激了对有机食品的需求。但总的来说，在大部分欧盟国家，有机食品的销售仅占很小的份额。妨碍其发展的原因主要是有机食品售价太高和供货不稳定。

2019 年，欧洲的有机市场增至 450 亿欧元（欧盟国家为 414 亿欧元）。德国仍是欧洲最大的有机产品市场（零售额 120 亿欧元），是仅次于美国的世界第二大有机产品市场。法国以 113 亿欧元的零售额位居欧洲第二位。从单一市场角度来看，全球有机产品市场中，美国占据领先地位：全球的有机产品零售额的 43%来自美国（447 亿欧元），而欧盟紧随其后（414 亿欧元，占全球有机产品零售额的 39%）。

正如在北美大部分有机食品销售额由主流零售商所贡献，所有领先超市都开始提供自有品牌有机食品一样，在德国，超市、药店、折扣店和有机食品专卖店都发展了自己品牌的有机产品。有机食品店的数量在持续增加。大部分连锁的奥特莱斯分布在德国、法国和意大利。有机食品公司 Dennree 在德国和奥地利管理着 200 多家名为 Denns Biomarkt 的有机超市。Biocoop 在法国约有 390 多家有机食品连锁店，与此同时，在意大利经营着超过 300 家的 Collobora 有机超市。一些大的常规超市也开始经营有机超市。企业并购在欧洲有机食品行业依然进行。中欧与东欧（CEE）有机产品市场规模虽小但是仍在增长。捷克共和国、波兰和匈牙利是重要的消费市场。总体而言，这些区域是有机初级产品例如有机谷物的比较大的生产和出口区域。这些有机作物出口到西欧，同时完工加工后的成品再从西欧进口回来。

在日益强劲发展的有机食品市场，对新鲜有机食品的需求是该市场发展壮大的主要动力。有机食品贸易旨在取代现有的普通食品贸易，因而对各种有机农产品的需求都趋于增加。一般而言，最初寻求有机食品的当地货源，然后寻找当地欧盟成员国供货。但有很多种食品，特别是干燥食品往往是欧盟不生产或不加工的，所以只能从世界各地进口，包括从发展中国家进口。

（三）日本有机食品市场

日本是亚洲最大的有机食品消费市场。日本称有机食品为“yuki”，系直接按照意思翻译自英语“organic”一词。但是，日本称为“yuki”的食品并非全部都是有机的，也有可能是指一些在注意环保的情况下生产的食品。

日本 1994 年“yuki”的销售金额约为 5 亿美元，此后市场需求增长极快，估计 2000 年其销售金额达 25 亿美元之巨。联合国粮农组织估计日本有机食品市场的年增长率约为20%（FVO1999）。日本国内的有机市场销售额很高，2018年为14亿欧元。估计现在日本大约有3百万至5百万人出于健康的考虑，经常购买有机食品。日本农林水产省的一次消费调查表明，约有3%的受调查者表示偶尔购买有机食品。购买的主要原因是他们认为有机食品“安全”且“健康”，而不买的主要原因是有机食品价格较高且销售点太少。日本许多消费者对产品来源十分关注。消费者合作社（总共大约有1980万成员）是日本最大的有机食品分销机构，其成员通常都很关注食品的来源，一些人甚至到农场去实地查看。

除了消费者合作社，超市连锁店的有机食品销售也越来越红火。Jusco（一家大型超市连锁集团）从1993年开始销售其自有品牌的新鲜有机食品，且其品种迅速增加到50多种。Ito-Yokoda在其下属的分店也有有机蔬菜出售。Pel日本有限公司（日本主要的超市里销售的进口蔬菜大都为Pel所供应）建立了一套体系，一年四季进口有机蔬菜。占据日本相当大的有机食品市场份额的还有直接送货上门的食品配送公司。这种配送公司一家的顾客数一般即能达到220000户。

日本市场上有机食品的零售价一般比相类似的非有机食品高15%。日本国产有机食品与进口货之间竞争激烈，欧洲和美国出口到日本的有机食品质量比日本国产的要好，价格要便宜。三菱综合商社1997年的有机冷冻蔬菜的进口量比1996年增加了一倍，达4000吨（李经宇，2001）。

（四）其他区域有机食品市场

2015年，亚洲、澳洲和其他区域有机食品的销售额达到了72亿美元。

亚洲有机食品在全球的份额持续增长。中国是此地区最大的有机市场，并正在经历由出口导向向国内市场的转变。最初，中国是有机食品最大的生产国，如油料作物、药草和相关配料、原材料。如今，中国也开始生产很多加工的食品和饮料。

亚洲接二连三的食品安全事件是有机食品发展的主要驱动力。中国的有机食品市场如此之大的部分原因也是源于一系列的食品安全丑闻，包括腐肉、地沟油、受污染的猪肉和牛肉等。自2008年的三聚氰胺丑闻事件以来，有机乳制品（特别是婴幼儿配方奶粉）需求猛增。

在拉丁美洲，巴西有最大的有机产品市场。近些年，巴西有机市场表现迟滞主要是由于政治因素和经济危机。阿根廷、秘鲁、智利和哥伦比亚是重要的有机作物生产国和出口国。

2018年，大洋洲的有机市场销售额总值接近14亿欧元。澳大利亚报告的有机市场销售额为12亿欧元，新西兰的有机市场销售额为1.55亿欧元。另外，澳大利亚的年人均有机消费额为49欧元，新西兰则为33欧元。澳大利亚有机产品市场巨大并持续增长。在超市和主要的食品零售店越来越能便利地买到有机食品。澳大利亚和新西兰的生产商重点关注出口市场，主要出口到亚洲国家。

中东有机食品市场规模虽小但仍在增长，需求集中于如迪拜、阿布扎比、开罗和利雅得等大城市。

第四节　有机食品市场的国内外比较分析

一、有机食品市场趋势比较

2015年间，世界有机食品（含饮料）市场从180亿美元增加到了816亿美元。稳健增长预计将会持续，但是挑战也会同时存在，并涉及消费者（FIBL，2017）。

需求集中是第一个挑战。全球有179个国家有有机种植，有机生产已经遍布全球。然而，北美和欧洲贡献了超过全球90%的销售额。在非洲、亚洲和拉丁美洲的许多国家，有机食品仅是用作出口用途。甚至澳大利亚和新西兰的很多有机食品生产商也以出口为导向。为保持有机行业的可持续发展，还需要有更多的区域性市场去消耗有机产品。同时，不同的研究都显示绝大部分的有机食品销售额是由一小部分消费者购买产生的。大部分消费者并不经常购买有机食品。如果使有机消费变成主流，那还需要更多消费者经常地购买有机产品。

消费者行为因区域和国家的不同而不同。在许多国家，个人健康（或对健康的担忧）是购买有机食品的主要原因。比如63%的法国消费者购买有机食品是出于个人健康原因。德国消费者购买有机食品是因为有机食品可以产生更少的污染。关注动物福利是丹麦人购买有机猪肉和乳制品的主要因素，而美国消费者避免食用转基因食物则是首要因素。虽然有机食品满足了这些国家消费者的不同需求，但是这也给市场营销带来了问题：有机食品应如何营销？或者说有机食品代表了什么样的价值观？

另一方面，对于有机食品供应的担忧也在增长。在过去15~20年间，有机食品销售额呈指数级增长。但是供应能力并没有与需求同步增长。从2000到2015年，世界有机农地从1490万公顷增长到5090万公顷，增长了240%。也是在这15年间，世界有机食品（含饮料）销售额增长了356%。最大的差异体现在北美，北美15年间有机农地从只有100万公顷增长到290万公顷，而有机食品（含饮料）销售额却增长了近4倍，从91亿美元增长到了433亿美元。鉴于欧洲和北美有机农地增长速度慢的事实，人们对于有机食品的供应短缺还是担忧。

针对国内市场，测算模型如图6-8和图6-9（尹世久等，2010），我国主要有机食品市场北京、广州、上海市场规模将在2020年实现跨越式增长，比2015年翻一番。而人均购买也将得到同步，这一增长速度远远超过经济增长速度。从目前的有机市场发展实践来看，这一预测得到了一定程度的验证。

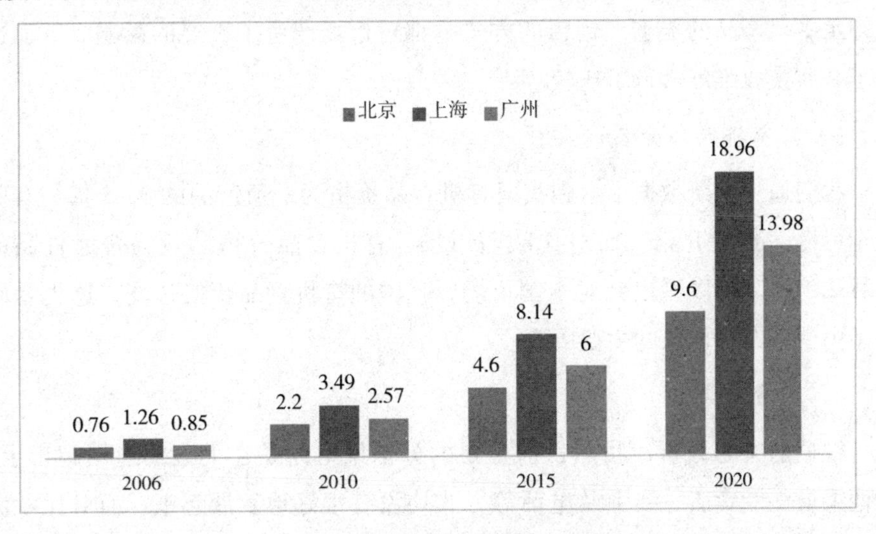

图6-8　北京、上海、广州有机食品市场规模预测（万元）

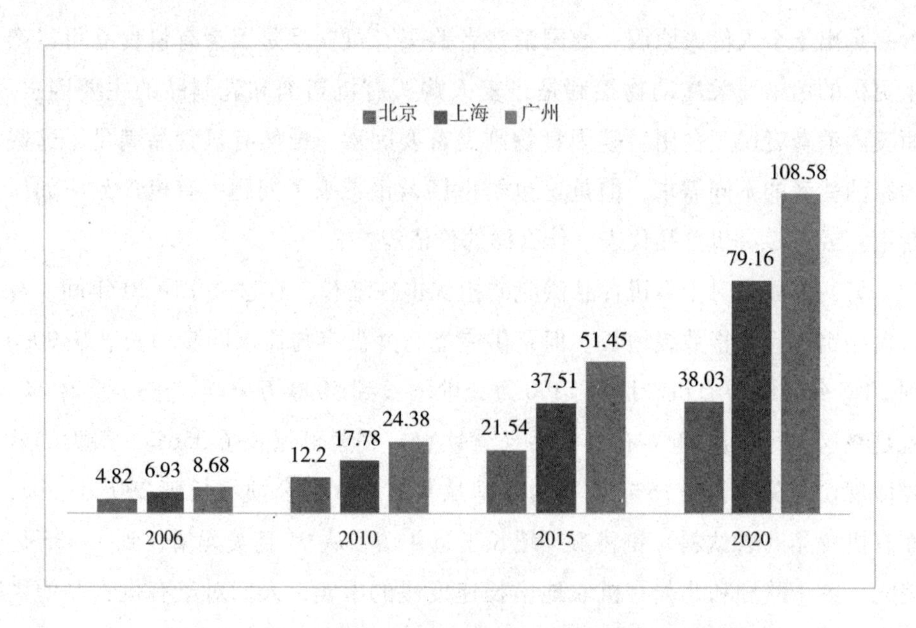

图 6-9　北京、上海、广州人均有机食品购买额预测（元）

二、有机食品市场影响因素比较

根据前文对我国及国际有机市场的梳理，我们发现在市场规模存在差异的背景下，更深层次的不同在于市场影响因素方面的差异。无论是消费者的认知水平、产品的类型、销售的方式等都对市场产生了重要的影响，下面选择了一些主要维度进行了比较。

（一）有机产品价格的差异

我们通过调研数据了解到我国有机食品价格为一般产品的 3~5 倍，有些甚至可以达到十几倍。而对比欧盟市场，有机食品价格一般为普通食品的 1.2~2.1 倍。可以看出针对本国市场，我国的有机食品价格过高，这也是限制国内消费市场增长的主要因素。

（二）分销渠道

根据前文的分析，我国目前主要的分销渠道还是在大型的连锁超市上，其他渠道如专卖店、线上及电话等方式均没有很好地发展起来。而对比欧洲分销渠道最完善的德国，几乎每一个常规超市或商店都有有机食品销售，

36%通过常规商店销售，34%通过有机食品专卖店销售，16%直销，剩余14%通过其他渠道销售。可以发现欧盟在连锁超市、专卖店销售已经发展得很成熟，其他渠道也都获得了均衡的发展，形成了良好的循环。

（三）消费者对有机食品的认知程度

根据前文分析，我国对有机食品消费的人员构成还是集中在教师、公务员等受教育程度较高群体，并且集中在大城市，说明我国消费者尤其是中小城市的消费者对有机农产品的认知程度非常低。反观欧盟等发达国家，有过购买有机食品经历的消费者比例为70%以上，大约有15%的消费者为固定购买者。

（四）产品类型

从我国出口有机产品的类型可以看出，我国大部分有机产品仍然是初级农产品或者加工程度较低的农产品，借助我国劳动密集型的优势，价格有一定竞争力。而欧美国家则注重有机产品的深加工，从而提高产品的价值，顾客竞争力相对较高。

（五）有机产品生产流通的组织化程度

我国有机产品生产模式大部分还是小农户生产，尚没有形成较大的品牌，组织化程度相对较低。这和国际投资引入农场、庄园的有机农业生产有着一定的差距，不利于获取重要技术和资源以及克服贸易壁垒。

主要参考文献：

[1] 瑞士有机农业研究所（FiBL），IFOAM 国际有机联盟. 2021年世界有机农业概况与趋势预测 [M]. 北京：中国农业科学技术出版社，2021.

[2] 有机农业研究所（FIBL）. 2017年世界有机概况与趋势预测 [R]. 北京：正谷（北京）农业发展有限公司. 2017.

[3] 国家市场监督管理总局，中国农业大学，编著. 中国有机产品认证与有机产业发展（2021）[M]. 北京：中国农业科学技术出版社，2021.

[4] 国家认证认可监督管理委员会，中国农业大学. 有机产品认证与产业发展报告（2017）[M]. 北京：中国质检出版社. 2017.

[5] 国家认证认可监督管理委员会，中国农业大学. 中国有机产品认证与产业发展（2016）[M]. 北京：中国质检出版社，中国标准出版社 . 2016.

[6] 李经宇. 世界有机食品的发展与我国的出口贸易 [D]. 对外经济贸易大学硕士论文，2001.

[7] 尹世久. 基于消费者行为视角的我国有机食品市场实证研究 [D]. 江南大学博士论文，2010.

[8] 邹卫华. 我国有机食品市场营销策略研究 [D]. 西北农林科技大学硕士论文，2011.

第七章

有机农业生产者感知风险对生产规模变动意愿的影响

本章主要针对有机生产者，他们对于有机生产的意愿将会影响整个有机食品产业未来的发展趋势，通过其感知风险对有机食品生产规模变动的影响实证研究，我们希望能为有机产业从业者提供一些发展思路，同时让消费者更好地了解生产者的想法，促进整个行业健康、有序发展。

第一节　文献回顾

一、影响生产规模变动的因素

有机农业生产者是进行有机农业生产的主力军，他们的生产意愿和决策行为对生产规模的变动乃至整个产业的发展都具有至关重要的作用。生产规模指的是生产单位所拥有的固定投入的数量。生产规模的变动是生产者的生产意愿和决策行为的体现。

近年来，国内外学者对有机农业生产者决策行为展开了较为深入的研究。Oelofse *et al.* 认为，产品品种多样性、生产规模、价格等因素可能对中国和巴西有机农业的收益产生影响。徐迎军认为，农户的生产行为并不只是简单的受生产收益的影响，他们的生产行为具有有限的经济理性，因此单纯从收益的角度进行分析存在许多不足，市场前景、技术水平、关联产业以及政策支持等因素都可能会对其生产意愿和决策行为产生影响。除此之外，学者们也从农户的个体特征以及培训、社会组织等角度展开研究。

进行有机食品生产活动的收益既包括货币形式的也包括非货币形式的。尹世久认为，有机农业生产者的收益在有机农业发展初期较容易获得，当市场趋于饱和后，只有那些拥有较为先进的生产技术、较高的生产率的生产者才能得到较高的收入。熊泽森和陈珊（2006）认为，有机农业增加了我国第一个生态农业有机示范基地地区居民的收入。Sgroi *et al*.（2015）认为有机产品的市场接受程度显著地影响了有机食品生产者的收入水平。

风险态度可能会影响有机食品生产者的生产意愿和决策行为。风险指的是由于行动或决策而导致的承受损失的可能性。态度是指行为主体对特定行为的肯定或否定的评价。风险态度包含风险倾向和风险感知两个方面。所谓的风险倾向指的是人们在面临不确定事件时所表现出来的态度和行为，从个体层面向组织层面延伸，就是组织所具有的避免风险发生的倾向。风险倾向能够解释生产者的决策行为。Flaten *et al*.（2010）认为由于有机农业是建立在生态系统基础上的自然过程，因此采用有机生产方式的生产者不是风险厌恶者，而 Giannakas（2002）则认为农户倾向于避免可能会引起罚款的生产活动。

除上述因素外，生产者的人口统计学因素，生产单元的地理位置、生产规模的大小等因素都可能对决策行为产生影响。相关研究表明，人口统计学因素可能会影响生产者的决策行为。在年龄方面，有研究表明，有机食品生产者比常规食品生产者更加年轻。诸文娟（2007）的认为，年龄对农户采用有机农业的行为具有显著的负向影响，而 Anderson *et al*.（2005）认为年龄因素的影响不显著。陈雨生（2009）和王奇等（2012）认为年龄对有机农业生产意愿存在显著的正向影响。在性别方面，有人认为女性更愿意选择从事有机生产活动。在受教育水平方面，还有人认为受教育水平对从事有机生产存在正相关关系。生产规模与有机生产之间的关系较为复杂，有人认为规模较大的企业比小的企业更倾向于进行有机认证。有研究表明，在加利福尼亚放弃认证的农户中，有将近一半的收入低于 5000 美元。地理位置从生产和市场两个方面对企业是否从事有机生产存在影响。Kreme *et al*.（2007）的研究发现直接在当地市场上进行销售的生产者倾向于进行有机认证。

二、感知风险

1960年，哈佛大学教授Bauer从心理学中引申出了感知风险（perceived risk）这一概念。近年来，国内外学者对感知风险进行了深入的研究，研究内容主要从以下五个方面展开：感知风险的本质、感知风险构面、感知风险与具体服务或产品的关系、感知风险的衡量和个体差异对感知风险的影响。感知风险主要应用在消费者研究中，Cox（1967）认为消费者的购买行为是目标导向的，这是感知风险研究的基本假设，他对感知风险之一概念的具体阐述为：在每一次的购买行为中，消费者都会产生一系列的购买目标，如果消费行为后的实际结果并不能达到消费者预期的购买目标，就会产生感知风险；或者是如果在消费过程中消费者并不能确定何种消费最能满足自己的购买目标时，也会产生感知风险。本书研究的对象为有机农业生产者，因此不能直接将应用于消费者研究中的感知风险的概念用于对生产者进行研究。Slovic（2013）将感知风险定义为人们在主观上对于有害行为和可能带来危险的技术带来后果的一种判断和评估。Sitkin和Weingart（1995）认为感知风险就是个人评估各种情境的风险性，主要包括评估各种情境下不确定性的概率以及这种不确定性的可控程度及对上述评估的信心程度。根据这两个定义，本书认为有机食品生产者感知风险定义为生产者在从事有机食品生产等相关活动过程中对各种客观风险的认知及心理感受。当前学术界鲜有针对有机农业生产者感知风险进行的研究，更缺乏对有机农业生产者感知风险维度的划分。

通过文献综述，笔者发现国内外学术界对有机农业生产者生产意愿和决策行为的研究从不同的角度展开，普遍认为，生产者个人特征、实际生产经营状况以及生产者的风险特征对生产规模变动存在一定程度的影响。但对生产者风险特征中感知风险的概念定义及维度划分研究得较少，对感知风险与生产规模变动意愿的关系研究得则更少。因此，本书立足于已有研究成果，拟对有机农业生产者感知风险的维度以及感知风险对生产规模变动意愿的影响进行进一步的研究。总体而言，本章旨在回答两方面的问题：一是有机食品生产者感知风险的维度；二是感知风险对生产规模变动意愿是否存在影响，其影响程度如何。

第二节 数据来源与研究设计

一、数据来源

本研究以从事有机农业生产的生产者为研究对象，对全国多地的农户、生产企业、合作社进行了实地调研，共发放调研问卷 230 份，回收 189 份，剔除不合格问卷后共获得有效问卷 173 份，问卷回收率为 74.8%。对调查对象进行基本情况统计，男女所占比例分别为 65.3%和 34.7%。年龄主要集中在 31~50 岁。在受教育程度方面，73.4%的被调查者接受了大学及以上水平的教育。从业时间反映了被调查者的从业经历和技术水平，统计表明，65.9%的被调查者有着超过 3 年的从业经验，42.8%的有超过 5 年的从业经验，不足 10%的生产者仅有 1 年以下从业经验。总体来看，被调查对象拥有较高的学历和多年的从业经验，在所处的公司或相关组织中担任一定的组织管理或生产经营工作。被调研人群基本符合预期。

表 7-1 被调查者基本情况统计表

题项	选项	频数	百分比（%）	均值	标准差
性别	男	113	65.3	0.65	0.77
	女	60	34.7		
年龄	18~25	5	2.9	3.43	0.94
	26~30	20	11.6		
	31~40	63	36.4		
	41~50	65	37.6		
	51 岁以上	20	11.6		
受教育程度	初中及以下	13	7.5	2.76	0.73
	高中	33	19.1		
	大学	110	63.6		
	研究生及以上	17	9.8		

续表

题项	选项	频数	百分比（%）	均值	标准差
从业时间	1 年以下	16	9.2	3.17	1.23
	1~3 年	43	24.9		
	3~5 年	40	23.1		
	5~10 年	45	26.0		
	10 年以上	29	16.8		
工作内容	组织管理	91	52.6	2.28	0.97
	产品生产	29	16.8		
	产品销售	40	23.1		
	行政/财务/后勤	2	1.2		
	其他	11	6.4		

对被调查者所在生产单位基本情况进行统计（表 7-2）。53.8%的生产组织采用公司自有基地模式，18.5%为“公司+农户”模式。企业获得的认证时间不尽相同，短则 1 年以下（26.6%），长则 10 年以上（8.7%），其中以 1~3 年居多（30.6%）。生产的产品种类代表了产品的多样性，统计表明，74.0%的企业或相关组织不会只生产 1 种产品，其中 30.6%生产 1~5 种产品，8.1%生产 5~10 种产品，35.3%的组织生产 10 种以上的产品。

表 7-2　被调查者所在生产单位基本情况统计

题项	选项	频数	百分比（%）	均值	标准差
生产形式	公司自有基地	93	53.8	1.9	1.16
	公司+农户	32	18.5		
	合作社	27	15.6		
	个人	15	8.7		
	其他	6	3.5		
认证时间	1 年以下	46	26.6	2.53	1.30
	1~3 年	53	30.6		
	3~5 年	26	15.0		
	5~10 年	33	19.1		
	10 年以上	15	8.7		

续表

题项	选项	频数	百分比（%）	均值	标准差
产品种类	只有1种 1~5种 5~10种 10种以上	45 53 14 61	26.0 30.6 8.1 35.3	2.53	1.22
生产规模变动意愿	退出有机生产 缩小生产规模 维持现有规模 扩大生产规模	3 9 43 118	1.7 5.2 24.9 68.2	3.60	0.67

在生产规模变动意愿中，设置了退出有机生产、缩小生产规模、维持现有规模、扩大生产规模4个选项，统计表明，1.7%的生产者表示未来可能会退出有机生产，5.2%的表示缩小生产规模，24.9%的表示会维持现有规模不变，68.2%的表示会扩大生产规模。本次调查获得的样本数据基本符合近年来我国有机农业的发展趋势，也反映出在未来的一段时间内，我国有机农业的生产规模依然呈现上升的趋势。

二、研究设计

本部分拟研究的问题是有机农业生产者感知风险以及感知风险对其生产规模变动意愿的影响。首先，需要确定有机农业生产者感知风险的概念和维度，随后以确定的感知风险各维度为自变量，以生产规模变动意愿为因变量构建模型，实证分析感知风险对生产规模变动的影响。通过文献研究和企业访谈，确定了有机农业生产中的风险来源和生产者的感知风险来源，随后针对感知风险，采用Likert五点量表法，将感知风险的大小分为由非常不同意到非常同意的5个梯度，分别赋值为1~5，得分越高，表明感知风险越大。本研究共设计了23个感知风险指标，涵盖有机农业生产的各方面。

将这23个题项与生产者个人特征、生产组织特征等问题合并成调研问卷，对有机农业生产者进行调研。问卷回收完成后，采用因子分析的方法确定感知风险的维度，并根据因子分析结果对各维度进行赋值。随后，本研究以感知风险为自变量，以生产者个人特征和组织特征为控制变量，以生产规模变动意愿为因变量，构建多元有序 Logit 回归模型，实证分析感知风险是否对生产规模变动存在影响，影响程度如何。

表 7-3 感知风险的定义及描述性统计

风险内容	变量描述	均值	标准差
P1：经济损失	Likert5 点量表	2.53	1.29
P2：投入品成本	Likert5 点量表	3.65	1.35
P3：劳动力投入	Likert5 点量表	3.84	1.31
P4：认证和检测费用	Likert5 点量表	4.14	1.17
P5：土地转换期	Likert5 点量表	3.1	1.33
P6：销售状况	Likert5 点量表	3.83	1.24
P7：销售价格	Likert5 点量表	3.4	1.26
P8：土地政策	Likert5 点量表	3.38	1.27
P9：认证制度	Likert5 点量表	3.45	1.2
P10：销售市场	Likert5 点量表	3.98	1.18
P11：常规产品冒充有机产品	Likert5 点量表	4.09	1.04
P12：转换期产品冒充有机产品	Likert5 点量表	3.97	1.08
P13：不合格有机产品冒充合格产品	Likert5 点量表	4.05	1.03
P14：环境污染	Likert5 点量表	4.12	0.98
P15：灌溉	Likert5 点量表	3.59	1.08
P16：病虫害	Likert5 点量表	3.82	1.08
P17：自然灾害	Likert5 点量表	3.6	1.16
P18：生产成本	Likert5 点量表	3.91	1.24
P19：销售平台	Likert5 点量表	4.15	1.13
P20：国家标准	Likert5 点量表	3.34	1.21
P21：销售政策	Likert5 点量表	3.32	1.07
P22：进出口政策	Likert5 点量表	3.37	1.05
P23：环境依赖	Likert5 点量表	3.86	1.07

第三节 结果与分析

一、有机农业生产者感知风险维度

因子分析作为一种常用的多元统计分析方法，其实质就是降低维度，从变量群中提取出共性因子。进行因子分析的样本须满足两个条件，即样本数不能低于50，且数量至少是变量数的5倍。本研究中涉及有机生产者感知风险的题项为23个，至少需要115个样本，最终得到的合格问卷数为173份，符合因子分析的要求。在对待分析数据进行分析之前，首先须要对量表的信度进行分析，即测量量表的可靠性。采用克朗巴哈系数（Cronbach’s Alpha）表征问卷的信度，系数大小与量表一致性的关系如下：α 的取值范围在 0 和 1 之间，通常情况下如果系数 α 的值低于 0.6，说明量表内部一致的程度不足；如果 α 值在 0.7~0.8 之间，说明被测量表具有相当的信度；如果 α 值在 0.8~0.9 之间，说明被测量表具有非常好的信度。本研究得到的调研问卷可靠性系数 α 为 0.876，可靠性较强。

问卷可信度达到要求后，还需要对数据进行 KMO（Kaiser-Meyer. Olkin）检验和巴特利特（Bartlett’s）球状检验，以验证获得的样本数据是否适合进行因子分析。KMO 检验的原理是对变量间的简单相关系数和偏相关系数进行比较，其取值大小介于 0~1 之间，取值越大，代表量表中变量间的相关性就越强。KMO 度量的标准为：取值在 0.9 以上，表示非常适合进行因子分析；0.8 表示适合进行因子分析；0.7 表示一般；0.6 表示不太适合进行因子分析；取值在 0.5 以下代表非常不适宜采用因子分析的方法进行分析。Bartlett 球状检验的主要作用是检验相关阵中各变量是否相关。本研究所获得的样本数据 KMO 值是 0.828，大于 0.8，如上所述，样本数据可以用于因子分析。$Sig<0.05$，表明拒绝了原假设相关系数矩阵为单位阵的假设，即变量间存在相关关系，适合进行因子分析。

采用主成分分析法提取因子，并选择特征值在 1 以上的作为公因子。共提取出 5 个因子，这 5 个因子共解释原有因子总方差的 61.48%。

表 7-4 解释的总方差

成分	初始特征值			提取平方和载入			旋转平方和载入		
	合计	方差的%	累积%	合计	方差的%	累积%	合计	方差的%	累积%
1	6. 294	27. 366	27. 366	6. 294	27. 366	27. 366	3. 413	14. 839	14. 839
2	2. 692	11. 704	39. 070	2. 692	11. 704	39. 070	3. 339	14. 519	29. 357
3	2. 339	10. 169	49. 239	2. 339	10. 169	49. 239	3. 227	14. 031	43. 389
4	1. 625	7. 066	56. 304	1. 625	7. 066	56. 304	2. 307	10. 029	53. 418
5	1. 191	5. 177	61. 482	1. 191	5. 177	61. 482	1. 855	8. 064	61. 482
6	. 962	4. 184	65. 666						
7	. 931	4. 048	69. 714						
8	. 815	3. 543	73. 257						
9	. 767	3. 336	76. 592						
10	. 693	3. 014	79. 606						
11	. 669	2. 907	82. 513						
12	. 531	2. 309	84. 821						
13	. 511	2. 223	87. 044						
14	. 445	1. 937	88. 981						
15	. 399	1. 733	90. 714						
16	. 377	1. 638	92. 352						
17	. 347	1. 507	93. 859						
18	. 327	1. 420	95. 279						
19	. 285	1. 237	96. 517						
20	. 229	. 994	97. 511						
21	. 209	. 909	98. 420						

续表

成分	初始特征值			提取平方和载入			旋转平方和载入		
	合计	方差的%	累积%	合计	方差的%	累积%	合计	方差的%	累积%
22	.200	.869	99.289						
23	.164	.711	100.000						

提取方法：主成分分析。

将上述矩阵进行正交旋转后，剔除其中因子负荷量小于 0.4 的因子，剔除后共剩余 22 个因子。如表 7-5 所示。

表 7-5 旋转成分矩阵

	成分				
	1	2	3	4	5
P21：销售政策	.857				
P20：国家标准	.829				
P9：认证制度	.788				
P22：进出口政策	.783				
P8：土地政策	.591				
P2：投入品成本		.805			
P3：劳动力投入		.785			
P18：生产成本		.766			
P1：经济损失		.721			
P3：认证和检测费用		.443			
P5：土地转换期					
P13：不合格有机产品冒充合格产品			.895		
P11：常规产品冒充有机产品			.866		
P12：转换期产品冒充有机产品			.822		

续表

	成分				
	1	2	3	4	5
P10：销售市场			.755		
P16：病虫害				.728	
P15：灌溉				.676	
P17：自然灾害				.653	
P14：环境污染			.415	.633	
P23：环境依赖				.481	
P19：销售平台					.845
P6：销量状况					.641
P7：销售价格					.484

提取方法：主成分分析。

从感知风险的角度对提取出的5个公因子进行命名。①政策风险：包括销售政策、国家标准、认证制度、进出口政策、土地政策5个因子，因子载荷介于0.59~0.86之间，旋转后的方差解释率为18.84%。该公因子主要是指由于国家政策、标准的变动使有机产品生产者感受到的风险。②生产投入风险：包括投入品成本、劳动力投入、生产成本、经济损失、认证和检测费用5个因子，因子载荷介于0.44~0.81之间，旋转后的方差解释率为14.52%。该公因子主要是由于有机产品生产过程中成本较高，生产者需要投入大量的人力物力，从而使生产者感受到的风险。③市场环境风险：包括有机产品销售市场中出现的利用不合格有机产品冒充合格的有机产品、利用非有机产品冒充有机产品、将转换期内生产的产品作为有机产品销售、销售市场风险以及环境污染5个因子，因子载荷介于0.76~0.90之间，旋转后的方差解释率为14.03%。其中环境污染因子的因子载荷仅为0.415。所以该公因子主要是指由于市场中的欺诈行为使生产者感受到的风险。④自然环境风险：主要包括灌溉、自然灾害、病虫害、环境依赖、环境污染5个因子，因子载荷介于

0.48~0.73之间，旋转后的方差解释率为10.03%。该公因子主要是由于有机食品生产过程中对自然环境依赖较高，从而使生产者感受到的风险。⑤经济收入风险：包括产品销量状况、销售价格、销售平台4个因子，因子载荷介于0.48~0.87之间，旋转后的方差解释率为8.06%。该公因子主要是由于有机食品销售状况不佳，使生产者感受到的经济收入受到影响的风险。

二、感知风险对生产规模变动意愿的影响

选取可能影响生产者生产规模变动意愿的13个指标作为自变量（X），并将所有这些变量归于三大类：生产者个人特征、组织特征、感知风险。因变量（Y）设定为有机食品生产规模变动意愿。变量定义及具体赋值见表7-6。

表7-6 变量定义及赋值

	变量	定义	赋值
生产规模变动	Y	生产规模变动意愿	1=退出有机生产 2=缩小生产规模 3=维持现有规模 4=扩大生产规模
生产者特征	X_1	性别	0=女性　1=男性
	X_2	年龄	1=18~25 2=26~30 3=31~40 4=41~50 5=51岁以上
	X_3	受教育程度	1=初中及以下 2=高中（包括中职、中专） 3=大学（包括大专） 4=研究生及以上
	X_4	从业时间	1=1年以下 2=1~3年 3=3~5年 4=5~10年 5=10年以上
	X_5	风险倾向	1~5

续表

	变量	定义	赋值
组织特征	X_6	组织形式	公司自有基地 公司+农户 合作社 个人 其他
	X_7	认证时间	1=1年以下 2=1~3年 3=3~5年 4=5~10年 5=10年以上
	X_8	产品种类数	1=只有1种 2=1~5种 3=5~10种 4=10种以上
感知风险	X_9	政策风险	根据因子分析结果赋值
	X_{10}	生产投入风险	
	X_{11}	市场环境风险	
	X_{12}	经济收入风险	
	X_{13}	自然环境风险	

本节的研究对象——进行有机生产的组织未来5年内的生产规模变动意愿情况（被解释变量）在受到多种因素影响时，其取值存在“退出”“缩小”“基本不变”“扩大”四个值。这四个值是带有排序的离散选择变量，因此也采用有序 Logit 模型进行数据分析。有序 Logit 模型是针对有序变量的累积模型。该模型基于反应变量的累积概率基础上，即假设累积概率的 Logit 函数值是协变量的线性函数，其中每一反应类的回归系数均相同。

对生产者有机食品生产规模变动意愿的有序 Logit 模型参数估计值如表7-7所示：

表 7-7　有机生产规模变动意愿有序 Logit 模型参数估计值

		选项	估计	Wald 检验	显著性	95%置信区间	
						下限	上限
个人特征	性别	女	-.111	.097	.756	-.812	.590
		男	0[a]	.	.	.	.
	年龄	18~25	-.351	.097	.756	-2.564	1.862
		26~30	.855	1.793	.181	-.396	2.106
		31~40	.618	1.623	.203	-.333	1.568
		41~50	1.112**	4.544	.033	.090	2.134
		51 岁以上	0[a]	.	.	.	.
	受教育程度	初中及以下	1.891**	4.486	.034	.141	3.642
		高中（包括中职、中专）	.432	.589	.443	-.672	1.536
		大学（包括大专）	.679	2.332	.127	-.193	1.551
		研究生及以上	0[a]	.	.	.	.
	从业时间	1 年以下	1.559	2.649	.104	-.319	3.437
		1~3 年	.501	.884	.347	-.544	1.546
		3~5 年	.501	.911	.340	-.528	1.531
		5~10 年	.431	.719	.396	-.565	1.427
		10 年以上	0[a]	.	.756	-.812	.590
	风险倾向	1~5	.335**	5.768	.016	.062	.608
组织特征	组织形式	公司自有基地	.238	.099	.753	-1.240	1.716
		公司加农户	1.366	2.546	.111	-.312	3.044
		合作社	.840	.862	.353	-.933	2.613
		个人	.476	.268	604	-1.324	2.275
		其他	0[a]	.	.	.	.
	认证时间	1 年以下	-1.032	2.340	.126	-2.355	.290
		1~3 年	-1.006	2.488	.115	-2.256	.244
		3~5 年	-.893	1.987	.159	-2.136	.349

续表

		选项	估计	Wald检验	显著性	95%置信区间	
						下限	上限
组织特征	认证时间	5~10年	.131	.038	.845	-1.178	1.440
		10年以上	0[a]	.	.	.	.
	产品种类数	只有1种	.273	.461	.497	-.515	1.061
		1~5种	.342	.705	.401	-.456	1.140
		5~10种	2.125 *	3.611	.057	-.067	4.317
		10种以上	0	.	.	.	.
感知风险	政策风险	—	4.466	.224	-.727	-.027	
	生产投入风险		-.766***	13.404	.000	-1.176	-.356
	市场环境风险		-.194**	1.359	.035	-.520	.132
	自然环境风险		-.247	2.032	.154	-.093	.587
	经济收入风险		-.069*	.195	.079	-.238	.377

注："*""**""***"表示在10%、5%、1%的显著性水平下显著；a. 是因为该参数是冗余的，所以设为0。

回归分析结果表明：在生产者特征变量中，生产者年龄对生产规模变动意愿存在显著影响，与51岁以上的生产者相比，年龄在41~50岁之间的生产者生产规模变动意愿更为显著（$P<0.05$，$\chi2=4.544$）。生产者的受教育程度对生产规模变动意愿存在显著影响，与具有研究生及以上学历的生产者相比，具有初中学历的生产者扩大生产规模的意愿更为显著（$P<0.05$，$\chi2=4.486$）。本章的研究结论与认为受教育水平对从事有机生产行为存在正相关关系（D' Souza et al.，1993；Genius et al.，2006）的结论不一致。在中国，从事农业生

产的人以受教育水平较低人群为主，尤其是有机生产合作社内部多是由受教育水平较低的农民组成，这与国外的情况存在差别。近年来，我国农产品尤其是玉米等粮食作物的收购价格偏低，农业生产并不赚钱。相比而言，具有较高溢价的有机食品就可能因其获利较高而吸引越来越多的农民参与种植。除此之外，受教育水平较低的生产者由于其技能水平较低，短时间内转向其他生产经营活动的可能性也较低，因此有更大的意愿持续进行有机生产活动。在风险倾向因素中，风险倾向越大的生产者，其扩大生产规模的意愿显著（$P<0.05$，$\chi 2=5.768$）高于风险倾向小的生产者。

在组织特征变量中，组织形式和认证时间对生产规模变动意愿的影响不显著，而产品种类数对生产规模变动意愿的影响显著。与生产10种以上产品的生产者相比，生产5~10种产品的生产者扩大生产规模的意愿更为强烈。这可能是因为产品种类数在一定程度上反映了企业的生产规模和产品结构，产品种类较少的生产组织，产品结构较为单一，抵御市场风险的能力可能较弱。

在感知风险的5个维度中，有3个维度对生产规模变动意愿存在显著影响，它们分别是生产投入风险、市场环境风险、经济收入风险，模型回归系数均小于0，表示生产规模变动意愿Y与上一个等级的比值小于1，即Y的取值减少，表现为各维度的感知风险越大，生产者扩大其生产规模的意愿越低。政策风险和自然环境风险并没有表现出显著性。生产投入风险越大，生产者扩大其生产规模的可能性也就越低（$P<0.01$，$\chi 2=13.404$）。市场环境风险越大，生产者扩大其生产规模的可能性也就越低（$P<0.05$，$\chi 2=1.359$）。经济收入风险越大，生产者扩大其生产规模的可能性也就越低（$P<0.1$，$\chi 2=0.195$）。经济收入风险指的是进行有机生产招致生产者经济收入上承受损失的可能性。Harwood et al.（1999）的研究认为，美国农户最担心商品价格风险。有机食品生产极易带来经济风险。在这样的情况下，对经济收入的担忧越高的生产者，为了降低风险，就极有可能缩小生产规模。

第四节　结论与讨论

本章以有机农业生产者为研究对象，关注生产者感知风险及其对生产规模变动意愿的影响。在搜集了 173 份有效样本后，首先运用因子分析的方法确定了生产者感知风险的 5 个维度。随后构建了以感知风险的 5 个维度、生产者特征和组织特征为自变量，以生产者有机农业生产规模变动意愿为因变量构建有序 Logit 回归模型，进行实证研究。主要研究结论如下：有机农业生产者感知风险存在多个风险维度，本章确定感知风险主要集中在 5 个方面：政策风险、生产投入风险、市场环境风险、经济收入风险、自然环境风险。影响生产规模变意愿的因素很多，包括生产者年龄、受教育程度、风险倾向、产品种类数以及感知风险。在感知风险中，生产投入风险、市场环境风险和经济收入风险对生产规模变动意愿存在显著影响。感知风险越大，生产者缩小生产规模的意愿越明显。

基于以上研究结论，笔者认为，为了促进有机农业的健康、可持续发展，必须降低生产者的感知风险，尤其是感知生产投入风险、市场环境风险、经济收入风险。为此提出以下建议：①完善政策体系，提高对有机产品的监管和对违法行为的处罚力度，保证产品质量，净化市场环境。②设立补贴制度，加大对生产者的扶持力度，帮助减轻生产者的经济压力。③为生产者提供信贷和保险方面的支持，方便资金不足的生产者顺利的获得贷款，以应对较高的成本投入。④加强对有机农业的宣传力度，积极拓展国内市场，以使企业尽快地获得经济收益，降低经济收入风险。

主要参考文献：

[1] 瑞士有机农业研究所（FiBL），IFOAM 国际有机联盟. 2021 年世界有机农业概况与趋势预测［M］. 北京：中国农业科学技术出版社，2021.

[2] 李琦. 消费者有机蔬菜购买意愿影响因素实证分析——基于大庆市消费者的调查［J］. 天津农业科学，2020，26（05）：45—51.

[3] 张乃月，金环. 数字化时代下消费者对有机蔬菜认知与购买调查研究——以沈阳市为例 [J]. 时代金融，2018 (17)：86.

[4] 马若愚，姚忠智. 消费者蔬菜属性偏好及支付意愿研究——基于选择试验法的消费者调查 [J]. 江苏农业科学，2018，46 (10)：319—323. DOI：10. 15889/j. issn. 1002-1302. 2018. 10. 076.

[5] Oelofse M，Høgh-Jensen H，Abreu L S，et al. Certified organic agriculture in China and Brazil：Market accessibility and outcomes following adoption [J]. Ecological Economics，2010，69 (9)：1785—1793.

[6] 徐迎军，尹世久，陈雨生，等. 有机蔬菜农户生产规模变动意愿及其影响因素——基于寿光市 785 份调查数据 [J]. 湖南农业大学学报 (社会科学版)，2014 (6)：32—38.

[7] 尹世久，吴林海. 全球有机农业发展对生产者收入的影响研究 [J]. 南京农业大学学报 (社会科学版)，2008，8 (3)：8—14.

[8] 熊泽森，陈珊. 从有机农业发展看农民增收机制的创新——对我国第一个生态农业有机食品示范基地的调查 [J]. 农业考古，2006 (6)：287—289.

[9] Sgroi F，Candela M，Trapani A M D，et al. Economic and Financial Comparison between Organic and Conventional Farming in Sicilian Lemon Orchards [J]. Sustainability，2015，7 (1)：947—961.

[10] 廖中举. 组织风险倾向研究述评与展望 [J]. 外国经济与管理，2015，37 (8)：78—86.

[11] Flaten B O，Lien G，Koesling M，et al. Comparing risk perception and risk management in organic and conventional dairy farming：empirical results from Norway [J]. Livestock Production Science，2010，95 (s 1 - 2)：11—25.

[12] Giannakas K. Information Asymmetries and Consumption Decisions in Organic Food Product Markets [J]. Canadian Journal of Agricultural Economics/revue Canadienne D Agroeconomie，2002，50 (1)：35—50.

[13] Burton M，Dan R，Young T. Analysis of the Determinants of Adoption of Organic Horticultural Techniques in the UK [J]. Journal of Agricultural

Economics, 1999, 50 (1): 47—63.

[14] Parralopez C, Deharogiménez T, Calatravarequena J. Diffusion and Adoption of Organic Farming in the Southern Spanish Olive Groves [C] // Taylor & Francis Group, 2007: 105—151.

[15] Genius M, Tzouvelekas V, Pantzios C J. Information Acquisition and Adoption of Organic Farming Practices [J]. Acta Radiologica, 2006, 41 (2): 116—121.

[16] 诸文娟，钟甫宁，吴群. 江苏茶农选择有机种植方式的影响因素分析 [J]. 华中农业大学学报（社会科学版），2007 (3): 36—39.

[17] 陈雨生，乔娟. 食品质量安全认证监管问题的博弈分析 [J]. 统计与决策，2009 (19): 72—73.

[18] 王奇，陈海丹，王会. 农户有机农业技术采用意愿的影响因素分析——基于北京市和山东省 250 户农户的调查 [J]. 农村经济，2012 (2): 99—103.

[19] D'souza G, Cyphers D, Phipps T. Factors affecting the adoption of sustainable agricultural practices [J]. Agricultural & Resource Economics Review, 1993, 22 (2).

[20] Klonsky K, Tourte L. Organic Agricultural Production in the United States: Debates and Directions [J]. American Journal of Agricultural Economics, 1998, 80 (5): 1119—1124.

[21] Slovic P. The Perception of Risk [J]. Risk Society & Policy, 2013, 69 (3): 112.

[22] Sitkin S B, Weingart L R. Determinants of Risky Decision-Making Behavior: A Test of the Mediating Role of Risk Perceptions and Propensity [J]. Academy of Management Journal, 1995, 38 (6): 1573—1592.

第八章

消费者农场活动参与行为对生产者信任的影响

本章我们从有机食品消费者的角度出发，探究消费者农场活动参与行为如何影响对生产者的信任——以北京市 A 有机农场消费者为例，为有机食品的市场蓬勃发展提供一些参考性的意见。

第一节　研究背景与问题提出

一、研究背景

近些年来，我国逐步建立起有机认证体系，包含各种各样的认证制度。然而，在市场经济不断发展的过程中，食品生产厂商竞争愈演愈烈，在巨大的利益驱动之下，有机食品市场投机之风盛行。再加上市场监管缺位，认证的权威性也因此而不再稳固。在此情况之下，即便是认证过的有机食品，消费者也不愿信任。信任和信心是消费市场的起点，缺失信任就会严重阻碍我国有机认证食品市场持续健康发展。

有机食品认证体系种类较多，从认证主体角度来划分：既有以政府为主导的官方认证，也有以企业组织为主导的民间私人认证。从认证的区域和标准参照来看：既有国内认证，又有国际认证。种种纷繁复杂的认证体系让消费者眼花缭乱，消费者选择信任有机食品与否面临来自各方面的综合影响。结果则是，认证太多，消费者缺乏对于认证知识的了解和熟知，无法甄别。

加之部分生产者所附标签并不符合标准，假冒伪劣，以次充好，消费者上当受骗，并不再相信任何有机认证食品。即便是符合标准的有机食品，也因此销售受阻，一损俱损的现象大量浮现。有机食品在一定程度上是环境友好，且符合生态农业的一种生产方式和理念。如何本着好的出发点，并能在终端获取应有的回报和收益，值得有机生产者思考。因此，眼下当务之急则是需要重建消费者对于有机生产者的信心、对有机食品的信任。

迄今为止，围绕有机食品市场中消费者信任这一主题展开的研究已存在大量文献。总结来看，一部分国内外学者将消费者信任作为一个解释变量来解释其他的变量，还有一部分研究者则关注消费者信任问题的前置影响因素（刘艳秋，2012）。在这些将信任作为被解释变量的研究中，学者们分别从不同角度阐释了信任的影响因素，概括起来，可分为如下四个方面：（1）个体特征影响信任：也就是人口统计分布情况，如性别，年龄，所从事职业或收入水平等基本特征；（2）认知情况影响信任：如对食品安全意识，有机认证概念的认知情况等；（3）交流互动影响信任：通过共同参与到某活动中，以言语的交流或行为的体现，观察并获取互动对象的知识和信息，使得一方可以预测另一方的行为并作出是否信任的判断（甘洋，2013）；（4）计算为基础的信任：是指基于过往的交易经验，在权衡个人利弊分析现存的关系之后，判断是否值得对方进行投机行为（李涛，2013）。

除去有机农业模式之外，近些年来逐渐兴起一种新的食品供应体系——社区支持农业（community supported agriculture，CSA），这是一种以直销的方式，通过消费者支付预付款，并根据自己的需求向农场订购农产品，农场则承诺为消费者供应新鲜安全的农产品，为消费者提供了一个寻求放心食品的新选择。与传统的食品供应体系，例如超市和零售商店不同，社区支持农业模式中有更多的消费者到源头生产中来（Hunt et al，2012）。例如，消费者可以观光，可以采摘，可以租地种植，可以开展养殖计划，并参加农场组织的各种活动等。研究表明，社区支持农业模式中的消费者参与行为，有助于消费者建立生产者信任。Sharp et al.（2002）指出，CSA 通过开放的农场基地，鼓励消费者参与，让消费者和生产者有交流的机会，由此可以推动种种社会资源的建立。陈卫平（2013）在其案例中研究发现，消费者参与这一行为是社区支持农业中生产者建立与消费者之间信任关系的一个重要途径。

依据上述情况，搜集资料发现，当前部分有机农场也设有一些消费者参与活动，如北京市通州区牛堡屯的青蔬园农场，其主营业务主要包括：农场观光、农场采摘、蔬菜配送、农场租地、农家饭活动。其中蔬菜配送包括：当季蔬菜、水果、禽蛋类，以及部分粗粮类的营养均衡搭配。农场租地是指消费者来到青蔬园农场认领一块土地归其所有，在这片土地上消费者可以自由种植蔬菜瓜果。同时农场会提供认领者一些基本种植知识作为技术指导，比如提供较易收获的种子，缩小选择范围，提高存活率，还会对种植者定期做一些培训和知识普及。种植期间，认领者只需每周到农场一两次，为自己的作物除除草、松土等基本的日常打理即可。平日里，青蔬园的相关工作人员会负责为认领者的土地进行定期浇水、维护。有的认领者若没有时间过来，也可以叫上自己的亲朋好友过来帮忙打理，做义务劳动。所有来到青蔬园的游客都可以随意采摘自己中意的蔬菜作为劳动后的食材，他们更可亲自尝试下厨的乐趣。目前，青蔬园的主要目标和宗旨仍锁定为种植高品质的蔬菜。农场观光、农场采摘、农家饭等活动则是种植之外的另一些增值服务。

二、问题提出

综上，已有研究多聚集于社区支持农业情境之下消费者农场活动参与的重要作用。遗憾的是，针对有机食品消费者的参与作用缺少必要的探讨。尽管目前部分有机食品生产者展开了农场开放式的多种活动，但研究者们对这样的消费者参与是否会促进消费者对生产者的信任，进而是否能真正为有机食品生产者谋利仍然不能下定论。由于这种农场开放活动需要初始的投资和大量的时间、精力的投入，而当前，理论研究者和实践者都并不十分了解有机生产者在农场开放式活动上的投入是否真正加强生产者与消费者的关系，并驱动农场运营的成功。到目前为止，在有机食品情境之下，消费者参与农场活动的作用对其建立生产者信任的影响这一问题，未见实证研究。

本研究的目的是深入研究有机开放式农场情境下，消费者参与农场活动和消费者对生产者信任之间的关系。更具体地说，本研究提出的假设是，消费者参与农场活动的行为会直接正向影响消费者对生产者的信任（简称“消费者信任”），还可以通过产品满意度的提高和社会联结的创造这两种路径间接地影响消费者信任。本研究以北京市某有机农场为主要对象，使用针对消费者的 300 份左右问卷调查数据，对提出的理论假说进行检验。

本研究理论意义在于构建新的消费者信任模型，将信任作为被解释变量来研究，并且加入消费者参与作为影响信任的重要因素之一，都是对于消费者信任研究领域的创新，为之后进一步研究其他消费者信任方面的内容提供有价值的参考，同时也开拓了消费者行为研究的领域范围。

本研究现实意义在于市场监管时有缺位、认证机构参差不齐、消费者对食品安全问题高度担忧而信任感不断减少的背景下，深入研究影响消费者建立生产者信任的机制和原因、影响的具体过程，对于增强消费者对有机食品的信任、增加购买意愿、保证有机食品市场持续健康发展，具有重要的现实意义。

第二节　文献总结与假说建立

国内外关于消费者行为的研究有很多，特别是近些年随着有机食品市场的兴起，有机食品的消费行为更是研究热点所在。这其中包含信任研究、支付意愿研究以及购买行为研究等。消费者信任这一因素一直是作为影响消费者购买意愿的解释变量，少数将其作为一个被解释变量来研究。而在这些将信任作为被解释变量的研究中，某几个因素对信任的简单影响关系占主导地位，针对信任机制建立系统的研究仍偏少。而有机农业的生产模式促使有的有机农场也开始仿效开放生产的模式，农场主可以直接与消费者互动交流是主要的新特色，在取得消费者信任方面有所成效。据此，本研究将从理论和实证两个角度试着建立消费者信任机制的模型，并通过消费者问卷调查，主要从消费者参与农场活动的这一角度，来分析能否促使其建立生产者信任，以及通过什么路径影响消费者信任。本研究有利于重建有机食品消费者信心、提高购买意愿，对促进有机食品市场的蓬勃发展，具有重要的现实意义。

一、基本概念

表 8-1 理论模型中的基本概念

	消费者参与	消费者信任	
基本概念	消费者以时间、精力等自身资源或信息反馈、体力劳动等方面付出的努力，参与产品生产或服务传递的实质性行动，反映了消费者涉入产品或服务消费的程度（Bendapudi and Leone，2003）	不管买方或者卖方其中之一是否有能力监视或者控制另一方的行为，仍愿意相信另一方会履行交易或原预期的行为（Mayer et al，1995）	
主要理论	S-D 主导逻辑 （service dominant logic）	信息机制	关系运作
理论含义	在 S-D 逻辑下，消费者参与生产或者服务的过程，与企业一起共同创造价值，而非仅仅是最终产品或者服务的接受者，因此，“消费者总是价值的共同创造者”。例如：银行	消费者信任的建立需要依赖明确或者潜在的信息（或线索），而可以直接体验的产品和服务则是最为明确的线索之一	消费者信任的建立可以通过关系的建立和发展来实现。与消费者培育人际关系（社会互动）、与消费者进行开放式的沟通以及表示对消费者需要的理解和关心

二、研究假说

从上述理论框架图的内容这可以看出，基于消费者农场活动参与和消费者信任的基本概念，以及影响信任的两大机制（信息传递和关系建立），本研究提出如下理论假说：

表 8-2　理论假说

假说编号	假说内容	假设影响关系
H1	消费者的农场活动参与对产品满意度的影响	正向
H2	消费者的农场活动参与对社会联结关系的影响	正向
H3	产品满意度对消费者建立生产者信任的影响	正向
H4	社会联结对消费者信任的影响	正向
H5	消费者的农场活动参与对其建立生产者信任的影响	正向

（一）农场活动参与产品满意度之间的关系

产品满意度一般是指消费者对所购买产品的直接感受和评价。本研究中的产品满意度特指对象是有机食品，而且是指在消费者参与农场互动活动之后对有机食品作出的判断和评价。通过农场开放式活动的参与，消费者与有机生产者进行面对面直接交流，讨论与农产品有关的情况，对于存在的疑惑和不解也可以直接询问农场主，农场主能及时收到消费者的问题并尽快处理，确保高效的服务质量。同时通过交流，农场主也能直接了解消费者的需求，并且这种需求十分准确清晰，因此有目标有方向地提高自身产品质量，迎合消费者的期望或者达到他们的预期。即便暂时不能办到，农场主也有机会向消费者解释其中的原因，获得消费者的理解，消费者因此能获得符合自己期望的产品。另一方面，通过农场开放式活动的参与，消费者对有机生产模式更加了解，知晓它的优越性，如对土壤对环境的污染危害小，同时也了解它的不足，因为要符合有机生产标准，不能添加生长激素，所以相较于非有机食品，农场里反季节性农产品少，外表也不够美观等。如此全面透彻地了解有机生产模式，消费者对于有机食品的实际情况会更加理解，心里的预期会落地，不至于期望越大，失望也越大，总体信息对称，无论是否选择购买，信任感都会增强。

（二）农场活动参与社会联结之间的关系

一般食品在购买的过程中所涉及的主体很少，一般情况下，就是超市或者零售商店，消费者与销售者之间的关系联结也很微弱。本研究中的社会联结（social bonds）这一概念不针对一般食品的情形，而是特指有机农场在对消费者开放且消费者参与进来以后，所发生的所有故事串联起来，增强了消费者和农场主或其他消费者的人际交往之情，也就是关系网。在这张网中所有的参与者都会不自觉地透露关于自己的一些信息，如偏好、价值观、态度、认知等等（Doney et al.，2007），这些信息会在活动过程中不断流动传递，通过这些过程，社会联结关系得以形成。因为无论农场的实体性活动如采摘、种植，或是社交媒体的参与如关注微信公众号、官方微博互动等，在这些过程中，有机概念的认识和理解、有机生产过程的信息透明以及其他资源都得以共享，好的消息可以不断扩散，营造良性互动，负面的消息大家也可以一起面对、解决，消费者会有更多参与感，这可以增加消费者对所购买有机产品的感性认识和理性认识，也可以增进消费者对生产者的理解，减少不必要的误会和冲突，为消费者与生产者之间创造一个良性循环关系网。

（三）产品满意度与消费者建立生产者信任之间的关系

消费者参与农场活动可能是想看看田园风光，可能想亲近大自然，又或许是想亲自观察食品生产源头的模样，了解食品生产加工的过程，获得新鲜的、真实的有机食品。不论是出于怎样的原因，只要消费者参与了农场的活动，也就进入了本书的研究范围。正如前文所述，产品满意度是能体现信息传递机制的一种外在表现形式，也就是消费者自己看见、摸到，甚至尝到的产品并作出评价：满意还是差强人意。这种直观评价会直接影响消费者对产品和服务提供者的判断，如：他是骗我的吗？他没有骗我，真的是这种味道等等。因此，消费者对有机食品的满意度越高，就越有助于建立其对该有机食品供应者也就是生产者的信任。陈卫平（2013）的一项案例研究曾发现，社区支持农业模式之下，生产者建立消费者信任的途径之一就是提供质量好的农产品。

（四）社会联结与消费者信任之间的关系

在了解且能感知到产品的信息之外，社会联结关系也会促进消费者建立生产者信任。社会联结意味着生产者与消费者、消费者与消费者之间编织了人际关系网，关系网会促使人们履行职责。而前文中信任建立的机制之一——关系网的因素说明，责任感会使人做出值得信任的行为（江洁，

2012)，因此，在有机食品情境下，消费者与生产者、消费者与消费者之间社会联结的建立和发展就可能促进消费者信任。

(五) 农场活动参与同建立生产者信任之间的关系

本研究最重要的假说就是消费者的农场活动参与同建立生产者信任之间的关系。首先，参与农场的活动本身就是一个信息流动的过程，农场中所展示的一切产品，所提供的一切服务都直接传递给消费者。另外，参与农场活动的过程中，其他消费者的观点与想法，或者其他言语评论、行为表现都可以得到直接的展现。消费者通过参与农场的活动可以获得更多关于产品的直接信息，信息的不确定和模糊程度就减小，信息不对称的局面也逐渐打破。其次，消费者参与农场活动可以促进生产者和消费者之间的互相了解，消费者会更多从生产者角度换位思考，理解心增添，进而增强消费者信任(Algesheimer et al.，2005)。再次，在这种互动过程，消费者还可以接触到其他许多消费者，因此了解到他们的观点和体验，这些观点也会且更容易影响消费者的个人观念和行为决策。依据 Laroche et al.（2013）的研究，消费者拥有同理心，也就是他们更愿意相信和自己属于同一群体的看法特别是对产品的评价，因为同是消费者，有着共同的利益诉求，也就不谋而合地愿意支持同类人群的意见和观点，而不是对立面群体的营销广告。农场活动的开展也因此在消费者之间架起了“信息桥梁”，消费者的想法和期望可以相互交换、传递。由此建立起的连接关系为消费者之间人际情感的培育奠定了基石，在此基础上促进信任更加长远地发展。农场活动参与行为在已有研究中已经表明会促进消费者信任的建立（Laroche et al.，2013)。

综合上述，梳理清基本概念和理论框架之后，本研究初步创建如图 8-1 所示的理论模型。如图 8-1，在开放有机农场的情境之下，消费者的农场活动参与直接影响建立生产者信任，另外通过信息机制（产品满意度）和关系机制（社会联结）这两个路径影响消费者对生产者的信任。根据已有的研究(De Jonge et al.，2007；陈卫平，2013）等发现，消费者的人口统计特征（年龄、性别、收入水平、受教育程度）对消费者信任有影响。另外，根据有机食品消费者信任行为的过往研究中，人们的食品安全担忧程度和有机认知程度也会影响消费者信任。这些变量与消费者信任之间的关系不在本研究的范围之内，因此，本文将这些变量作为控制变量。

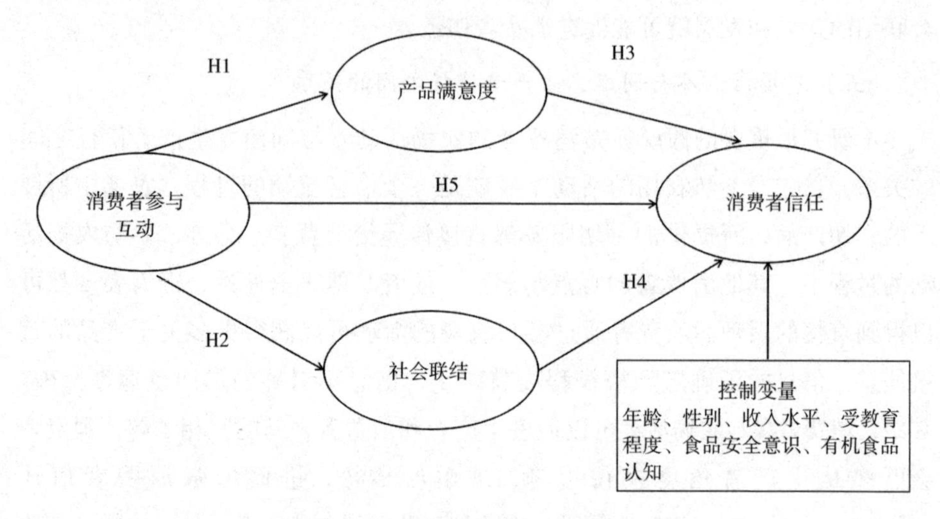

图 8-1　消费者信任的理论模型

第三节　数据来源与研究方法

一、样本与数据收集

预调研：网上搜索有机农场的相关信息，获取已开展有机农场开放式体验的农场信息，确定有哪些互动形式，进行消费者问卷设计。

本研究以消费者为主要对象，由于研究主要目的是观察参与互动是否会促进消费者对于生产者的信任，在消费者人群中参与互动体验的偏少，而且找到这部分消费者人群也相对困难，笔者自行联系了一家北京市的有机农场，该农场位于北京市通州区牛堡屯，名为青蔬园农场，该农场已经开展了系列农场活动：如租地种植、开放养殖计划、亲自体验、农家饭等。据农场相关负责人介绍，参与该农场互动体验的消费者有几百人，互动效果好。本研究请该农场负责人发放调研问卷至这些消费者。问卷发放主要是通过微信转发，数据搜集时间集中在 2016 年 2 月中旬，转发问卷时，会向填写者说明此次调查的目的。为了提高消费者填写问卷积极性和答题完整率，所有参与问卷调查的消费者在问卷填写结束时皆可以参加抽奖活动，奖品话费充值。红包现金若干等。本研究总共回收问卷 428 份，其中有互动经历的问卷数量是 300 份，视为有效问卷，其他 128 份问卷则是没有参与互动经历的无效问卷。

二、变量测量

针对上述所提出的理论假说，本研究所涉及主要变量是：消费者农场活动的参与、产品满意度、社会联结关系和消费者对生产者的信任。为提高调研问卷中量表的信度和效度，本研究测量变量所用量表的形式依照类似主要参考文献的格式和结构，同时结合调研有机农场的实际运作情况，综合设计并逐渐修改完善而成。

1. 消费者参与农场活动。依据现存的研究，本书采用一种报告描述的方法，让消费者对其过往经历中关于有机农场参与行为回忆和表述并做出选择（Chan et al. 2010）。具体来说，依据消费者预调研中所提及的参与有机农场活动的种类和情形，再在若干有机农场官网公布信息基础之上提出了 8 个项目的量表，分别评估消费者在有机农场互动活动中的参与形式和程度。

2. 产品满意度。使用（陈卫平，2013）包含 6 个项目的量表来衡量消费者对有机农场供应的农产品的满意程度，包括农产品的质感、新鲜程度、口感、安全程度和种类多样性。

3. 社会联结。采用包含 6 个项目的量表（参见 Doney et al.，2007）来测量消费者感知的社会联结的紧密程度。

4. 消费者信任。采用包含 5 个项目的量表（参见 de Jonge et al.，2007），从前文所述上的关于消费者信任的三个维度：能力、仁慈和正直来分别测量消费者在多大程度上认为有机食品生产者是值得信赖的。

以上所有变量的测量均采用李克特 5 级量表法，1—5 代表从“很不满意”到“很满意”，或者从 1—5 代表“完全不赞同”到“完全赞同”的不同程度。表 8-3 则是具体的变量设置与变量描述。

表 8-3 变量设置与描述

潜变量	测量变量	测量项目
消费者参与互动情况（CP，consumer participation）	CP1	去有机农场租地种植
	CP2	亲自去有机农场采摘
	CP3	在有机农场有养殖计划
	CP4	和亲人朋友去有机农场观赏体验
消费者参与互动情况（CP，consumer participation）	CP5	和有机农场主交流意见，提出需求和看法
	CP6	和有机农场的其他消费者交流并交换意见
	CP7	经常关注有机农场的微博或微信公众号
	CP8	经常在这些网络平台发表意见并留意他人看法
产品满意度（PS，product satisfaction）	PS1	我对这个农场供应的农产品分量感到满意
	PS2	我对这个农场供应的农产品的新鲜度感到满意
	PS3	我对这个农场供应的农产品的外观感到满意
	PS4	我对这个农场供应的农产品的口味感到满意
	PS5	我对这个农场供应的农产品的安全性感到满意
	PS6	我对这个农场供应的农产品的种类多样性感到满意
社会联结（SB，social bonds）	SB1	我结识了许多农场的消费者朋友
	SB2	我与其他消费者建立了深厚的友谊
	SB3	我感到我和这个农场的生产者彼此支持
	SB4	我愿意为该农场生产者分担部分风险
	SB5	我觉得这个农场就像一个温暖的大家庭
	SB6	我对这个农场有强烈的归属感
消费者信任（CT，consumer trust）	CT1	这个生产者有能力保证所生产产品的安全
	CT2	这个生产者遵守他（她）对我们所做的安全的承诺
	CT3	这个生产者关心我们的食品安全与健康
	CT4	当在农产品生产中发现危害健康的劣质食品，农场主会主动告知我，提醒注意
	CT5	这个生产者向我们（消费者）推荐其他农场的农产品时，我觉得值得信赖

三、数据分析方法

（一）SEM 结构方程模型

将搜集的问卷针对各个可观测变量进行因子分析初探，判断是否可以通过因子分析进行初步归纳筛选，进而对问卷的信度和效度进行一致性检验；再通过分析 SEM 的相关软件即 PLS 软件对数据进行实证分析，得到模型的路径系数图，消费者信任与影响其因素之间的路径关系，以及原假设的结果。最终，获得消费者对于有机食品信任的各个假设检验结果。

（二）最小二乘法

选用最小二乘法（partial least squares，PLS）和 smart PLS 2.0 版本软件进行分析。

第四节 研究结果

一、样本的描述性统计分析

根据目前已有的问卷数量，对样本总体情况说明如下，其中表 8-4 是样本的人口统计特征。

表 8-4 样本的人口统计特征（N=300）

人口统计特征		取值说明	比例
性别	男	0	49.5%
	女	1	50.5%
年龄	18~30 岁	1	47.51%
	31~45 岁	2	41.38%
	46~60 岁	3	9.58%
	60 岁及以上	4	1.53%

续表

人口统计特征		取值说明	比例
受教育程度	高中以下	1	1.53%
	高中/中专	2	2.3%
	大专	3	6.13%
	本科	4	44.06%
	硕士及以上	5	45.88%
家庭月收入	低于 5000 元	1	19.92%
	5001~10000 元	2	31.42%
	10001~20000 元	3	28.74%
	20000 元及以上	4	19.92%

图 8-2 描述的是样本中消费者的健康状况。

图 8-3 描述的是样本中消费者对于食品安全的担忧程度。

图 8-4 描述的是消费者对于有机食品认知情况。

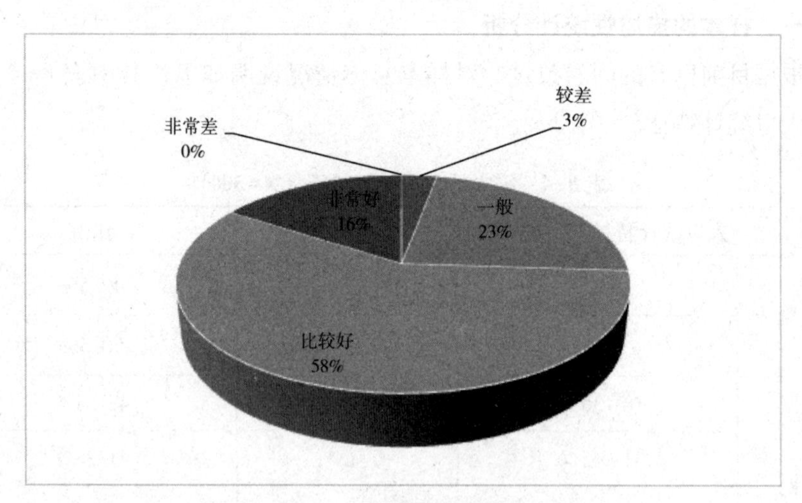

图 8-2 消费者健康情况

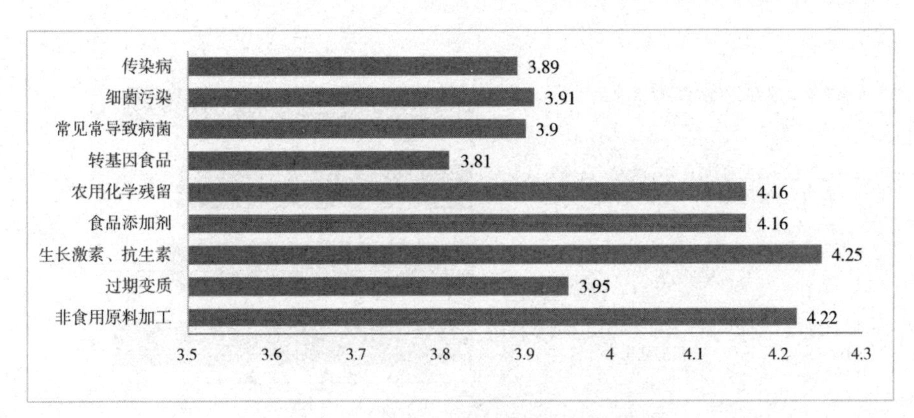

图 8-3 食品安全担忧内容与程度

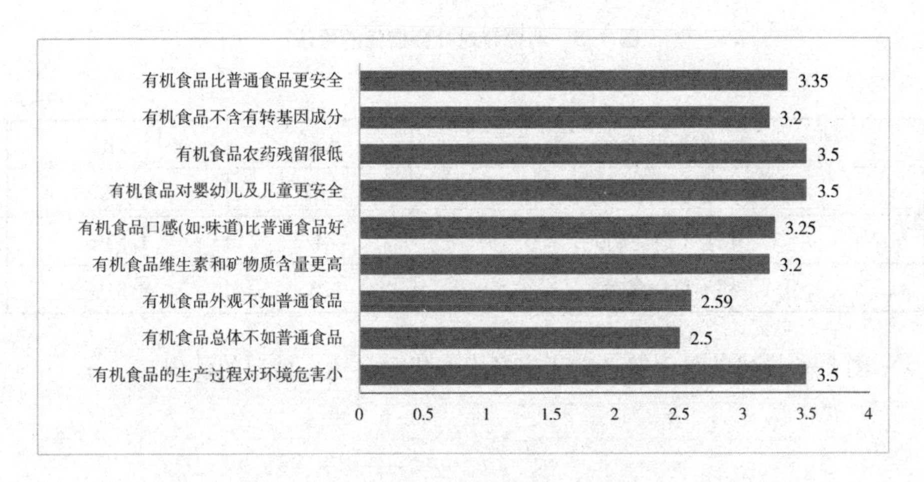

图 8-4 对有机食品概念的了解情况

图 8-5 描述的是，人们对与社会信任情况的态度。

如表 8-5 所示，消费者选择最信任的有机食品购买渠道。

表 8-5 消费者信任的有机食品购买渠道

购买渠道	人数	占比
有机专营店	146	55.94%
大型超市	139	53.26%
网购	16	6.13%
海外代购	36	13.79%

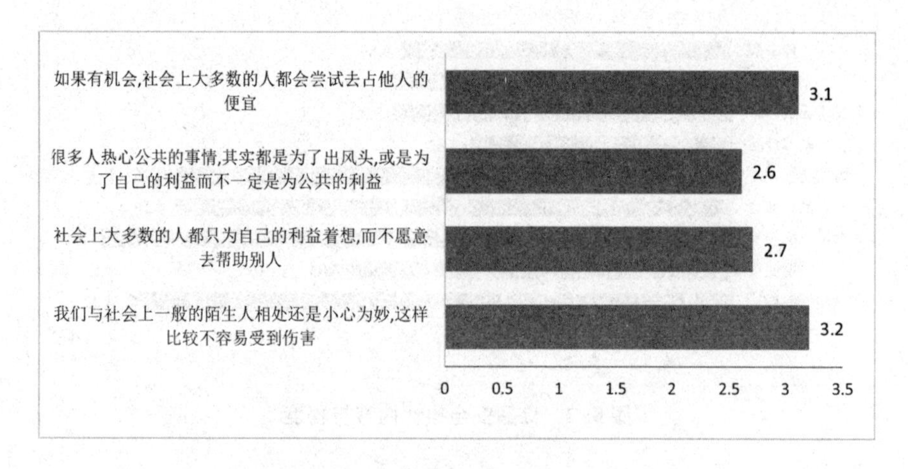

图 8-5 消费者对社会信任的看法

续表

购买渠道	人数	占比
有机农场直接购买	167	63.98%
其他（请注明）	4	1.53%
都不可以信赖	23	8.81%

图 8-6 描述的是消费者对于市场上有机食品达标情况的认识。

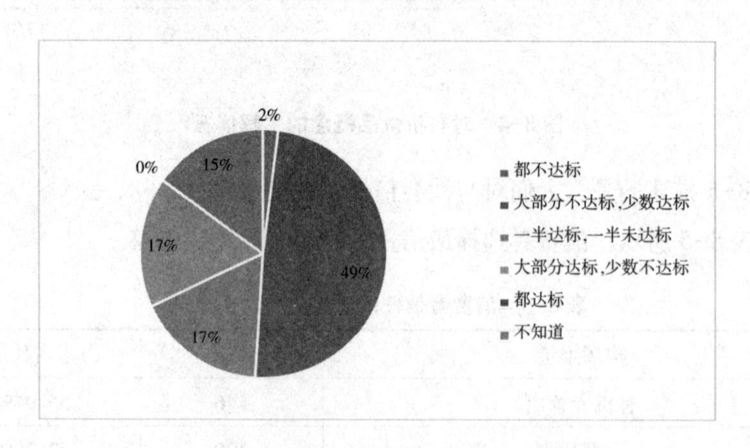

图 8-6 有机食品达标情况的评判

从样本总体情况来看，有 300 人参加过农场互动活动，还有 128 人没有参加过任何农场互动活动，而在回答是否互动会促进他们对有机食品信任情况时，从调查结果来看，52%的消费者认为“很需要，这样我会更加信任”，还有33%的消费者认为“比较需要，这样我会更加信任”，认为不太需要和完全不需要的仅占不到15%，以上数据说明，消费者对于互动能促使信任持认可态度。

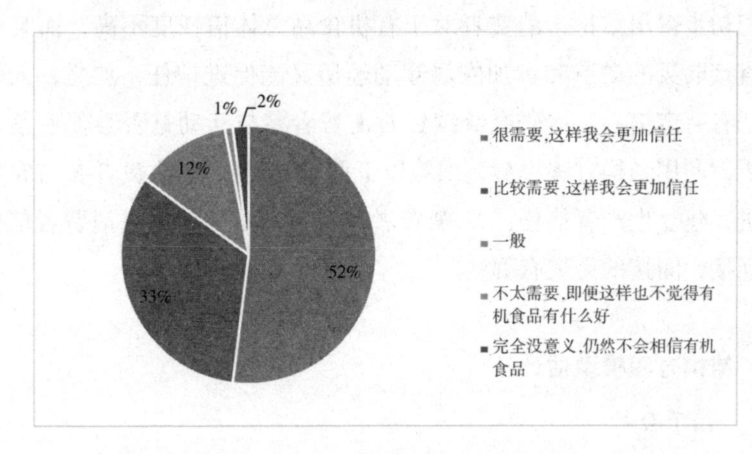

图 8-7 消费者对参与互动活动的态度

由上述各图表描述结果来看，得出以下结论：

1. 人口统计部分显示，受调研对象基本处于均匀分布，尤其是性别比，而年龄比与受教育程度则分别侧重于中青年人群和受教育程度较高人群，这与笔者所处环境和朋友圈决定，另外这也符合了有机食品的受众，由于有机食品覆盖城市基本仍处于一线大城市，而受教育程度较高人群更容易接近与获得有机食品，收入水平情况则基本接近均匀分布。

2. 从消费者健康情况来看，较健康人群占最多比例，这有利于排除身体健康情况这一因素对有机食品的信任的影响。从消费者对于食品安全担忧程度来看，处于比较担心状态的占比最多。从消费者对于有机食品认知情况来看，人们对有机食品和普通食品之间的而区别和联系把握程度较好，对有机食品的认知处于较理性清晰状态，这为后续排除该因素对消费者信任的影响有利。

3. 从消费者社会信任认识来看，人们对于人际关系较为乐观，不至于完全丢失信任，仍有可能重建信心。从消费者对于有机食品达标情况认知来看，却不容乐观，认为“大部分不达标”的消费者占比最多，说明消费者信任问题突出。从消费者最信任的购买有机食品渠道来看，选择从有机农场直接购买的人群占比最多，加上对于互动经历的需求，且会促使信任这一选项的最高支持率。

我们初步得出结论，消费者对于有机食品总体信任度不高，而某些从有机农场直接购买的渠道和参加农场互动经历又能促进信任，加之，人们对于社会信任有一定信心，本研究继续针对消费者参与互动是否会促使信任做一验证分析，利用结构方程模型，回答以下两个问题：1. 消费者参与农场活动是否促进其建立生产者信任；2. 消费者参与互动是如何促进消费者信任，直接还是间接，间接的渠道有哪些。

二、结构方程模型估计

（一）因子分析

本研究运用 SPSS 统计分析软件对样本数据进行因子分析。结果如下表格，KMO 值为 0.845（0.6~1.0 为可接受范围），Bartlett 检验的卡方统计结果为 1392.375，小于统计分析显著水平 0.01，否定零假设，支持因子分析法的应用，因为各测量变量之间可以提取公因子。

表 8-6　KMO 和 Bartlett 的检验

取样足够度的 Kaiser-Meyer-Olkin 度量		.845
Bartlett 的球形度检验	近似卡方	1392.375
	df	190
	Sig.	.000

从解释方差来看，初始特征大于 1 的成分有 4 个，累积解释度为 63.43，分别是 CP（consumer participation）消费者参与，PS（product satisfaction）产品满意度，SB（social band）社会关系联结以及 CT（consumer trust）消费者信任。

表 8-7 解释的总方差

成分	初始特征值			提取平方和载入			旋转平方和载入	
	总计	方差%	贡献%	总计	方差%	贡献%	总计	方差%
1	6.829	34.147	34.147	6.829	34.147	34.147	4.510	22.548
2	2.696	13.478	47.625	2.696	13.478	47.625	3.221	16.105
3	1.938	9.689	57.314	1.938	9.689	57.314	2.847	14.234
4	1.223	6.116	63.430	1.223	6.116	63.430	2.109	10.543
5	.968	4.841	68.270					
6	.929	4.644	72.914					
7	.755	3.774	76.688					
8	.695	3.475	80.163					
9	.618	3.088	83.251					
10	.486	2.432	85.684					
11	.467	2.333	88.017					
12	.403	2.013	90.030					
13	.376	1.879	91.908					
14	.342	1.709	93.618					
15	.321	1.605	95.222					
16	.248	1.239	96.461					
17	.231	1.155	97.616					
18	.196	.981	98.597					
19	.149	.745	99.342					
20	.132	.658	100.000					

（二）测量模型的检验

基于 PLS 的结构方程模型研究，本模型估计分为两个步骤进行：第一步测量模型的检验，即针对潜变量及其所对应的每一个测量项目的信度和效度检验。第二步结构模型的检验，即针对潜变量之间的相互依存关系及相关程度进行检验，论证模型的解释力和假说。

测量模型中样本总体及各观测变量对应其潜变量的信度检验，如下表：

表 8-8 样本信度检验（N=300）

Cronbach's Alpha	项数	检测项目
.765	4	CP1，CP2，CP4，CP5
.785	6	PS1，PS2，PS3，PS4，PS5
.920	6	SB1，SB2，SB3，SB4，SB5，SB6
.829	5	CT1，CT2，CT3，CT4，CT5
0.626		总体

从上表中可以看出，各因子的 Cronbach's Alpha 值均大于 0.6，表明各潜变量或显变量之间内部一致性均达标，也就说明本调研问卷题项所涉及的关于变量的测量信度可以保证。

为确保调研问卷的内容效度，调研中所涉及的潜变量和直接观测变量的结构和分布是都是在理论分析和文献检索的基础之上，结合预调研实际情况进行调整修改并不断完善的。确保覆盖理论假说想论证的问题，其中问卷的维度和每一个问题也涵盖了消费者参与农场活动方方面面的情况，从而保证问卷具有较好的内容效度。

区别效度可以有两个角度来验证：（1）在因子分析过程中的旋转成分矩阵中可以观察每一个潜变量是否对应自己的直接测量项目相关系数显著高于对应其他；（2）在主要变量的相关关系矩阵中，每个潜变量跟自己的相关系数（也就是 AVE 平方根值）应该大于该潜变量与其他潜变量的相关系数。

表 8-9 旋转成分矩阵

测量项目	SB	CT	PS	CP
CP1	-. 082	. 062	-. 180	. 917
CP2	-. 093	-. 036	. 022	. 874
CP4	-. 091	-. 070	. 137	. 637
CP5	-. 090	-. 050	-. 288	. 745
PS1	. 193	. 019	. 723	-. 093
PS2	. 030	. 094	. 786	. 077
PS3	. 015	. 253	. 649	-. 008
PS4	. 012	. 296	. 622	-. 002
PS5	. 096	. 495	. 525	. 088
PS6	. 363	. 446	. 366	. 015
SB1	. 781	. 020	. 248	-. 081
SB2	. 858	. 131	. 041	-. 100
SB3	. 779	. 332	. 158	-. 078
SB4	. 764	. 257	. 064	-. 087
SB5	. 829	. 210	. 062	-. 066
SB6	. 860	. 252	-. 076	-. 038
CT1	. 210	. 497	. 415	. 046
CT2	. 198	. 723	. 275	. 018
CT3	. 356	. 625	. 212	. 004
CT4	. 347	. 751	-. 010	-. 004
CT5	. 104	. 762	. 209	-. 189

从表 8-9 中可以看出，每一个潜变量在测量量表中的直接测量变量，如 CP 对应 CP1，CP2，CP3，CP4，CP5 对自身潜变量的载荷系数明显高于其在其他潜变量上的直接测量变量上的载荷系数，PS、SB、CT 各测量项目也是如

此。而且从表8-10中可以看出，每个潜变量与自己的相关系数（也就是AVE平方根值）均大于其与其他潜变量之间的相关系数。

表8-10 主要变量的相关关系矩阵

变量	1	2	3	4
CP	1.000			
PS	.528	1.000		
SB	.493	.354	1.000	
CT	.922	.595	.535	1.000

上述因子分析结果表明，本研究中所涉及的所有潜变量、测量量区别效度符合标准，他们之间能在一定程度上区分开。

（三）结构方程模型

结构模型目的在于检测各变量之间的关系和影响系数路径，在本研究中也就是消费者参与农场活动对建立生产者信任的影响。运用PLS软件对于理论模型中所做的假说进行检验。结果如下：

表8-11 测量模型数据结果

	测量项目	样本总体估计	样本平均估计	标准误	T值
CP	CP1	0.5522	0.5508	0.014	39.3446
	CP2	0.6001	0.5976	0.0227	26.4778
	CP4	0.0355	0.0536	0.0393	0.9042
PS	PS1	0.2031	0.2015	0.0206	9.8459
	PS2	0.2328	0.2327	0.0301	7.7389
	PS3	0.2297	0.2269	0.0175	13.1591
	PS4	0.2089	0.2105	0.0184	11.3333
	PS5	0.2825	0.2858	0.0173	16.3256
	PS6	0.2756	0.275	0.0167	16.5365

续表

	测量项目	样本总体估计	样本平均估计	标准误	T 值
SB	SB1	0.1779	0.1749	0.0126	14.1309
	SB2	0.1799	0.1784	0.0106	17.0102
	SB3	0.2294	0.2319	0.0137	16.7402
	SB4	0.2034	0.2047	0.0123	16.5452
	SB5	0.2003	0.2005	0.0103	19.537
	SB6	0.1897	0.1894	0.0084	22.5886
CT	CT1	0.3117	0.3138	0.016	19.4406
	CT2	0.2602	0.2614	0.0097	26.913
	CT3	0.3222	0.3245	0.019	16.9985
	CT4	0.2004	0.198	0.0098	20.5164
	CT5	0.1926	0.1926	0.0111	17.3313

表 8-12 结构模型数据结果

	样本总体估计	样本平均值	标准误	T 值检验
CP-PS	0.528	0.5331	0.0428	12.343
PS-CT	0.138	0.1382	0.0244	5.6594
CP-CT	0.804	0.8055	0.0234	34.4243
CP-SB	0.493	0.4929	0.0547	9.0142
SB-CT	0.09	0.0857	0.0234	3.8412

表 8-13 理论假设检验结果

编号	路径	路径系数	T 检验	支持假说?
H1	消费者参与对产品满意度的影响	0.528	12.343	是
H2	消费者参与对社会关系联结的影响	0.493	9.014	是
H3	产品满意度对于消费者信任的影响	0.138	5.695	是
H4	社会联结关系对消费者信任的影响	0.090	3.841	是
H5	消费者参与对于消费者信任的影响	0.804	34.424	是

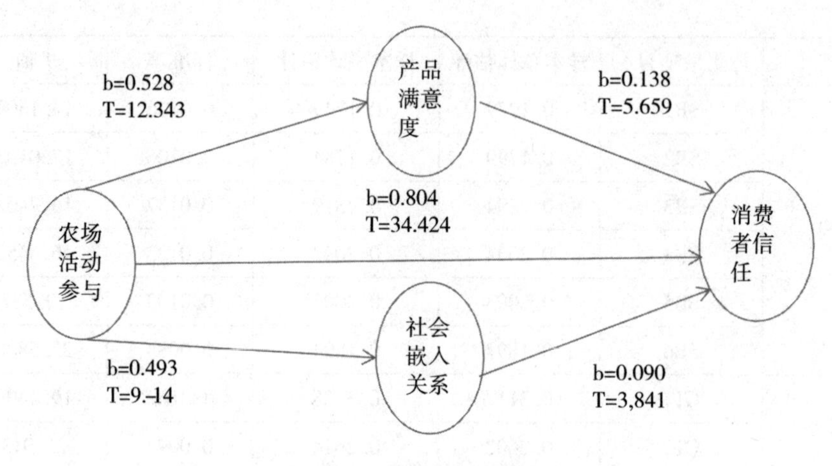

图 8-8　路径系数图结果

从上述路径系数图和表格中看出，消费者农场活动的参与和产品满意度之间的路径系数值 0. 528，比较大，且 T 检验值为 12. 343，通过检验，表明二者之间相关系关系显著；消费者农场活动的参与和社会联结之间的路径系数为 0. 493，也比较大，且 T 检验值 9. 014，通过检验，表明二者之间相关系关系显著，分别验证了 H1 和 H2 假说。有研究表明，消费者积极参与关乎自己利益的市场交易行为过程可以为自身带来客观的物质利益，同时还能带来隐形的人脉价值（Chan et al., 2010），这个观点在本研究中得到了很好的体现。通过农场活动的参与，消费者可以与有机生产者面对面交流同时交换信息，生产者也能及时接收并处理这些问题，进行有针对性、高效的精准化服务。同时，农场活动的开展也因此在消费者之间架起了“信息桥梁”，消费者的想法和期望可以相互交换、传递。由此建立起的连接关系为消费者之间人际情感的培育奠定了基石，在此基础上促进信任更加长远地发展。

产品满意度（路径系数 0. 138，T 检验值 5. 695）对消费者信任有一定的正向作用，支持了假说 H3。而社会联结（路径系数 0. 090，T 检验值 3. 841）与消费者信任也呈一定的相关关系，但不如其他相关关系强，验证了 H4。同时，在此前的信任理论研究中，不论来自产品本身的质量好坏还是由于消费者与农场主所建立的社会关系，都是影响信任的主要原因（Doney et al., 2007），这些观点在本研究中得到了有力的验证。

消费者参与农场活动和消费者信任之间的路径相关关系也存在统计显著（路径系数0.804，T检验值34.424），验证了假说H5。这个结果直接论证了本部分的核心假设，消费者的农场参与活动会显著影响其对生产者的信任，具体来说，两种影响过程的结果还不太一样，路径系数0.804也就是消费者农场参与的要素对建立生产者信任的影响要大于路径系数为0.117的通过信息和关系两种机制的传递影响。

第五节 研究结论与展望

通过数据处理结果分析来看，本研究的理论模型假设合理，各路径系数的数值结果也支持了理论模型提出的假说。也就是说，在有机食品生产情境下，消费参与农场活动对消费者建立生产者信任有显著的影响得到了具体的证实。此外，研究结果还表明，消费者的农场活动参与行为可以通过不同途径来影响信任的建立，即分别通过影响产品满意度进而影响信任和通过关系网的建立进而影响信任。

一、研究结论与讨论

本研究结果从有机食品生产和消费者信任的两个方面，体现了对实践的指导意义。

首先，关于消费者有机食品信任问题，已有研究认识到其重要性并且已做了大量相关的研究，但学者们主要侧重于影响消费者信任的前置因素如个人特征、相关概念的认知程度等等。从农场活动参与的角度来看其如何影响信任的问题，还鲜有研究。本研究则是检验有机食品情境之下消费者农场活动参与和信任的建立之间关系的实证研究之一。

其次，本研究分别从消费者直观评价产品效果和关系网的建立两个角度，分析检测它们在消费者农场活动的参与同对信任的建立之间的中介效果，并从理论和实证两个方面进行了证实。已有经验研究在其他领域，譬如CSA情境之下，为消费者参与和消费者信任之间的影响关系提供了依据（Laroche et al., 2013)。本研究的创新点在于从信息机制和关系机制这两个角度，分别落实到产品满意度和社会联结在中间所起到的作用，让影响的过程和机制更加清晰明确，同时也带来了研究信任问题的更多研究路径和思考。调研数据结果表明，消费者的农场活动参与对观评价产品效果和关系网的建立都有影响，进而再影响对消费者信任的建立，综合这些影响计算出一个总的路径分析系数为0.117。虽然这种间接影响不如消费者参与对于消费者信任的直接影响（路径系数0.804），但是，消费者直观评价产品效果对消费者信任的影响（路径系数0.138）以及关系网的建立对消费者信任的影响（路径系数0.090）均是存在的。

最后，研究结果说明，开展农场互动活动有益于有机生产者建立消费者信任。以前的研究表明，在普通食品体系中，由于食品供应者与需求者分别处于整条供应链的两端，他们通过互动关系的方式发展出信任关系（陈卫平，2013)。而在有机食品生产情境之下，当生产者开放生产基地，并让消费者参与到生产中来，亲眼看见生产过程，这样透明化、直接的传递信息和交流的方式为互动沟通提供了平台，有利于建立生产者信任。

二、对有机生产者政策建议

消费者参与农场活动有利于提高消费者的直观评价产品效果和关系网的建立，进而增进消费者信任。如此一来，有机生产者更有动力加大成本去建设有机农场这个活动平台。值得注意的是，尽管这样的做法能为信任的建立带来福音，有机生产者仍然不能只是加大投资规模，而不顾具体布局规划。农场对外开放，鼓励消费者参与只是一个开始，培养并维护消费者信任仍是任重道远。现实中，很多消费者认为这只是一个营销噱头，这种邀请消费者参与农场相关活动仅仅起到了“消费者点菜”和“农场信息播报”的功能，而消费者实际不能参与核心环节，因此，有机生产者需要认真从消费者角度考虑，如何采取措施吸引激励消费者参与。一是实事求是地展示某些产品的生产流程，邀请消费者来参观并能带回品尝，直接获得产品的感官评价；二是利用互联网平台，进行消费者实名注册认证，针对用户个人偏好，发放个性化消息和制定专门化服务；三是，期更新农场活动，发起身边有趣实际的讨论话题，吸引消费者参与互动；四是定期针对消费者发起提问和采访，获取信息反馈从而不断改进服务质量。

三、局限性及未来展望

因为研究周期短及各种条件限制，本研究也存在一些缺陷。首先，本研究在样本选择方面有局限。本文仅以北京市的消费者为主要研究对象，其中有一些消费者没有互动经历，则被排除在理论模型的实证研究之外。今后的样本可以扩大范围，研究不同地区有机农场和消费者对有机生产者信任的情况。

其次，本章仅仅探讨了消费者参与农场活动某几种形式的影响及其效果。但现实生活中，除了问卷中所涉及的那些互动项目，消费者还有许多其他的参与形式，另外本章研究的是消费者参与的总体情况，将其作为一个总的变量，分析其对消费者信任的影响。感兴趣的研究者可以沿着本研究的思路做更多深入的探讨，如若能够确定消费者参与农场活动可以促进信任，那么具体哪一种参与方式的作用最大，为什么最大，都是值得研究且很有趣。

最后，本研究仅仅将所有参与农场活动的消费者样本纳入研究范围中来，试看它对消费者信任的影响，却没有试图去解释消费者为什么参与农场活动。会是什么原因促使消费者参与农场活动，又或者什么样的消费者则不会参与农场活动，那又该如何建立其信任。未来可以将重点放在消费者参与农场活动的解释变量上，围绕消费者自身及其他相关因素进一步深入研究。

主要参考文献：

[1] Albersmeier F, Schulze H, Spiller A. System dynamics in food quality certifications: Development of an audit integrity system [J]. International Journal of Food System Dynamics, 2010 (1): 1—17.

[2] Akaichi F. Assessing consumers' willingness to pay for different units of organic milk: evidence from multiunit auctions [J]. Canadian Journal of Agricultural Economics, 2012, 60 (4): 469—494.

[3] Anderson J C. A model of distributor of firm a manufacturer firm working

partners [J]. Journal of Marketing, 1990. 54 (1): 42—58.

[4] Darby M, Karni E. Free competition and the optimal amount of fraud [J]. Journal of Lawand Economics, 1973 (1): 1—20.

[5] De Krom M P, Mol A P. Food risks and consumer trust. Avian influenza and the knowing and non-knowing on UK shopping floors [J]. Appetite, 2010 (3): 14—35.

[6] De Jonge J. Understanding consumer confidence in the safety of food: its two-dimensional structure and determinants [J]. Risk Analysis, 2007 (3): 20—46.

[7] Feagan, R. and Henderson, A. Devon Acres CSA: Local Struggles in a Global Food System [J]. Agriculture and Human Values, 2009, 26 (3): 203—217.

[8] Frewer L, Howard C, Hedderley. What determines trust ininformation about food-related risks? Underlying psychological constructs [J]. Risk Analysis, 1996 (4): 56—78.

[9] Gracisa A. Organic food product purchase behavior : a pilot study for urban consumers in the south of Italy [J]. Spanish Journal of Agricultural Research, 2007, 5 (4): 439—451.

[10] GolanE, Kuchler F, Mitchell L. Economics of food labeling [J]. Journal of Consumer Policy, 2001 (2): 25—55.

[11] HanJ-H, Harrison R W. Factors influencing urban consumers′ acceptance of genetically modified foods [J]. Review of Agricultural Economics, 2007 (4): 60—90.

[12] Jassen M, Hamm U. Product labeling in the market for organic food: consumer preferences and willingness to pay for different organic certification logos [J]. Food quality and preference, 2012, 25 (1): 9—22.

[13] Mazzocchi M. Food scares and trust: a European study [J]. Journal of Agricultural Economics, 2008, 59 (1): 2—24.

[14] Morgan R M, HUNT S D. The Commitment trust Theory of Relationship

Marketing [J]. Journal of Marketing, 1994, 58 (3): 20—38.

[15] Napolitano F. Effect of information about organic production on beef liking and consumer willingness to pay [J]. Food quality and preference, 2010, 21 (2): 207—212.

[16] Poppe, C. and Kjærnes, U. Trust in Food in Europe: A Comparative Analysis, SIFO Report No. 5 - 200 3, National Institute for Consumer Research, Oslo, Norway, 2003.

[17] Pole, A. and Gray, M. Farming Alone? What' s up with the "C" in Community Supported Agriculture [J]. Agriculture and Human Values, 2013, 30 (1): 85—100.

[18] Rousseau D M. Not so different after all: A crossing discipline view of trust [J]. Academy of Management Review, 1998, 23 (3): 393—404.

[19] Roitner. Consumer perceptions of organic foods in Bangkok, Thailand [J]. Food Policy, 2008, 33 (2): 112—121.

[20] Tsakiridou E, Konstaninos M, Tzimitra-Kalogianni I. The influence of consumer's characteristics and attitudes on the demand for organic olive oil [J]. International Journal of Food Agribus Market, 2006 (3/4).

[21] Uzzi, B. Social Structure and Competition in Interfirm Networks: The Paradox of Embeddedness [J]. Administrative Science Quarterly, 1996, 42 (1): 35—67.

[22] Yee, W. M. S. and Yeung, R. M. W. Trust building in livestock farmers: An exploratory study [J]. Nutrition and Food Science, 2002, 32 (4): 137—144.

[23] 陈卫平. 社区支持农业情境下生产者建立消费者食品信任的策略——以四川安龙村高家农户为例 [J]. 中国农村经济, 2013 (2): 48—60.

[24] 陈建明. 关于市场失灵的制度分析 [J]. 中国流通经济, 2007 (6): 51—54.

[25] 陈红. 基于消费者行为理论的森林食品产业发展潜力分析 [J]. 林业经济, 2006 (8): 71—73.

[26] 池泽新，周晓兰. 建立中国特色农业中介组织体系国际经验、构建原则及总体设计 [J]. 农业经济问题，2007 (2)：76—80.

[27] 樊孝凤. 我国生鲜蔬菜质量安全治理的逆向选择研究——基于产品质量声誉理论的分析 [D]. 华中农业大学硕士论文，2013.

[28] 郭承龙，郭伟伟，郑丽丽. 认证标识对电子商务信任的有效性探讨 [J]. 科技管理研究，2010 (3)：100—103.

[29] 巩顺龙. 基于结构方程模型的中国消费者食品安全信心研究 [J]. 消费经济，2012 (2)：53—57.

[30] 甘洋. B2C 环境下网站特性对消费者信任及购买意愿影响研究 [D]. 哈尔滨工业大学硕士论文，2013.

[31] 高振宁. 发展中的有机食品和有机农业 [J]. 环境保护，2002 (5)：29—32.

[32] 江洁. 保险企业内部信任对销售业绩的影响研究——以安庆市 P 保险公司 J 销售部为例 [D]. 广西师范大学硕士论文，2012.

[33] 金玉芳，董大海，刘瑞明. 消费者品牌信任机制建立及影响因素的实证研究 [J]. 南开管理评论，2006，9 (5)：28—35.

[34] 胡洁，张进辅. 基于消费者价值观的手段目标链模型 [J]. 心理科学进展. 2008 (16)：504—512.

[35] 华琪，贺立峰，吴琼. 小毛驴：掀起新农夫运动 [J]. 中国市场，2011 (38)：20—21.

[36] 卢菲菲，何坪华，闵锐. 消费者对食品质量安全信任影响因素分析 [J]. 西北农林科技大学学报 (社会科学版)，2010 (1)：72—77.

[37] 李东进，吴波，吴瑞娟. 中国消费者购买意向模型 [J]. 管理世界，2009，(1)：121—129.

[38] 刘艳秋，周星. QS 认证与消费者食品安全信任关系的实证研究 [J]. 消费经济，2008，24 (6)：76—80.

[39] 李涛. 顾客信任对淘宝商家营销策略的影响研究 [D]. 兰州大学硕士论文，2013.

[40] 娄向鹏. 有机食品不缺产品缺营销 [J]. 农业工程技术 (农产品加

工业)，2010，(10)：20—67.

[41] 赖胜强. 基于 SOR 模式的口碑效应研究 [D]. 西南财经大学博士论文，2010.

[42] 李玉萍，常平凡. 有机食品市场机会的识别与把握 [J]. 农业技术经济，2000 (8)：59—62.

[43] 李晋. 员工—主管上向信任影响因素和作用机理研究 [D]. 山东大学博士论文，2009.

[44] 马玲. 高校募捐机制研究 [D]. 山东大学硕士论文，2008.

[45] 马骥，秦富. 消费者对安全农产品的认知能力及其影响因素——基于北京市城镇消费者有机农产品消费行为的实证分析 [J]. 中国农村经济，2009 (4)：26—34.

[46] 南小可，罗伟其，姚国祥. 基于多因素的信任计算模型研究 [J]. 计算机安全，2010，(7)：1—4.

[47] 任建超，韩青，乔娟. 影响消费者安全认证食品购买行为的因素分析 [J]. 消费经济，2013，29 (3)：50—55.

[48] 单吉堃. 有机认证在有机农业发展中的基础性作用 [J]. 中国农村观察，2005 (02)：51—56.

[49] 申雅静. 农户采纳有机食品生产方式的决策过程及其影响因素的实证研究 [D]. 中国农业大学博士论文，2003.

[50] 盛莉. 打造循环型有机食品产业 [J]. 当代经理人，2006 (5)：219—220.

[51] 孙丕恕. 基于网络关系的 IT 企业治理研究 [J]. 山东社会科学，2009 (1)：97—100.

[52] 王二朋，周应恒. 城市消费者对认证蔬菜的信任及其影响因素分析 [J]. 农业技术济，2011 (10)：69—77.

[53] 吴林海，徐玲玲，王晓莉，影响消费者对可追溯食品额外价格支付意愿与支付水平的主要因素——基于 Logistic、Interval Censored 的回归分析 [J]. 中国农村经济，2010 (4)：77—86.

[54] 王志刚. 食品安全的认知和消费决定：关于天津市个体消费者的实

证分析 [J]. 中国农村经济, 2003 (4): 41—48.

[55] 吴玉锋. 农村社会资本与参保决策研究——基于对3066个农民的调查 [D]. 华中科技大学博士论文, 2012.

[56] 谢玉梅, 冯超. 有机农业发展和有机食品价格的国际比较 [J]. 价格理论与实践, 2012 (5): 84—85.

[57] 谢敏. 从市场失灵角度对食品安全问题的分析 [J]. 消费经济, 2007, 23 (6): 72—75.

[58] 徐文燕. 国外发展有机食品开拓国际市场对我国的启示 [J]. 商业经济, 2004 (12): 4—7.

[59] 尹世久. 基于消费者行为视角的中国有机食品市场实证研究 [D]. 江南大学博士论文, 2010.

[60] 尹世久, 徐迎军, 陈默. 消费者对安全认证食品的信任评价及影响因素: 基于有序logistic模型的实证分析 [J]. 公共管理学报, 2013, 10 (3): 110—118.

[61], 吴林海, 陈默. 基于支付意愿的有机食品需求分析 [J]. 农业技术经济, 2008 (5): 81—88.

[62] 尹志浩, 钱永忠. 农产品质量安全信息不对称问题研究评述 [J]. 农业质量标准, 2008, (1): 41—44.

[63] 严立冬. 我国有机食品产业发展的探讨 [J]. 农业经济问题, 2004 (11): 65—68.

[64] 张钢, 张东芳. 国外信任源模型评介国外经济与管理 [J]. 国外经济与管理, 2004, 26 (12): 21—35.

[65] 郑凤田, 刘璐琳. 有机认证制度与全球农业结构调整研究综述 [J]. 江西财经大学学报, 2007, (6): 72—76.

[66] 张新民, 陈永福等. 全球有机农产品消费现状与发展趋势 [J]. 农业展望, 2008 (11): 21—24.

[67] 张志华. 我国绿色食品市场发展存在的问题与对策 [J]. 农业经济问题, 2001 (6): 24—27.

[68] 郑伟强. 消费者购买有机食品行为的影响因素分析 [D]. 浙江大

学，2012.

[69] 赵婕，白丽等. 我国有机食品市场发展与管理对策研究 [J]. 安徽农业科学，2012 (22)：11425—11427.

[70] 赵鑫. 顾客参与、感知服务质量对顾客心理契约的影响研究 [J]. 东北农业大学学报社会科学版，2013，15 (2)：154—157.

[71] 诸雪峰. 制造企业向服务商转型的服务延伸过程与核心能力构建——基于陕鼓的案例研究 [J]. 管理学报，2011，8 (30)：356—364.

第九章

有机产业综合效益与可持续发展路径

有机农业的出发点就是在生产出满足人们需要的农产品的同时，保护土壤、水、大气等人类的生存环境，关心有机体系中的各种生物。2005 年，联合国农发基金（IFAD）组织专家对我国和印度的有机农业发展进行了系统调研，认为有机农业可以实现长期的土壤肥力保持、减少外部资源消耗、节约水资源，以知识集约型生产为手段，结合现代农业中生物防治和高效养分管理技术，实现地区性粮食数量安全和食品质量安全，降低贫困。本章以 2013—2016 年有机农业认证信息数据为基础，采用国际上普遍认可的评估指标和方法，尝试对我国有机农业发展的生态环境效益、经济效益和社会效益进行总体评价，提出可持续发展路径。

第一节　有机产业综合效益

一、有机产业发展的生态环境效益

现代有机农业以可持续发展为核心，通过减少化学和外部资源和能源投入，尽可能采用本地化、物理和生物技术，实现农业生态系统的养分循环和高效能量利用。因而国际上普遍认为，通过减少化学品和外部特别是不可再生能源的使用，从长远和整体范围上，有机农业的生态环境保护功能特别值得重视。值得注意的是，有机农业的环境影响仅仅从单一方面评估很容易得出片面的结论，需要从系统的综合影响进行分析，即整体或者全生命周期分析。尽管运输对农产品环境影响贡献很大，但由于其受目标市场距离决定，严格意义上不属于农业生态系统的范畴，在这里不对其进行评估。

（一）减少农（兽）药使用

有机农业生产过程中不使用化学合成的农（兽）药，通过物理和生物措施控制病虫害，或者使用矿物或者来自植物、动物源农药。根据我国有机种植业发展数据（来自有机产业发展年报），以我国无公害农产品生产使用量为参考，对我国有机农业生产农药减少使用量进行估算，每年有机种植业可以减少农药使用量3092吨，有机养殖业减少兽药使用量331吨。

（二）减少化肥使用

养分是作物生长和农产品生产的基础。有机农场不使用化学合成的肥料，而通过生物固氮、使用农场内部或者来自农场系统外的动物粪便提供作物养分，这部分养分如果不使用，排放到环境中则会造成污染，循环使用则可以减少化肥以及生产化肥所需能源。研究表明，在低产量水平下可以通过生物固氮或者农场内养分维持实现有机农场的养分平衡，但要实现中等或者高产量，则必须从外部增加有机物料或者畜禽粪便。近年来，包括中国等发展中国家规模化、商品化有机农业生产逐步扩大，有机农场普遍存在着养分过量的问题。随着本地养分循环利用系统的建立，还可进一步减少外来肥料使用量。

根据我国有机种植业发展数据，可以分析得出减少的化肥使用量。2013年，有机种植业生产减少的养分，相当于尿素41.5万吨、磷酸二铵32.7万吨、氯化钾23.1万吨，减少化石能源投入量为129万吨标准煤。

（三）固碳减排

和常规农业相比，有机农业的固碳减排主要是通过增加土壤有机碳，减少氮肥投入进而减少氮肥引起的N_2O排放实现，减少CH_4排放。考虑到当前我国常规农业中，绝大部分畜禽粪便没有能够进行循环利用，造成了浪费和污染，在有机农业系统中则可以循环使用、增加土壤有机质，因此本书对其导致的土壤有机碳进行估算。

对全国大样本长期定位试验统计表明，施有机肥和化肥，20 年间平均提高粮田有机碳储量 0.613 和 0.155 吨碳/（公顷·年），即有机肥在 20 年内净增加土壤有机碳储量 0.458 吨碳/（公顷·年），以后出现递减趋势。也有研究发现，施有机肥和化肥，平均提高土壤有机碳储量为 0.748 和 0.325 吨碳/（公顷·年），有机肥净增加土壤有机碳储量 0.423 吨碳/（公顷·年）。

目前，有机农业对于温室气体的减排结论不同。Robertson 等对美国中西部地区常规耕作、免耕、低投入以及有机生产的“大豆—玉米—小麦”体系进行了 8 年的研究，发现有机生产的温室气体（N_2O 和 CH_4）排放和常规农业相似，但考虑农业投入所产生的温室气体排放后，按照全球增温势估算，有机农业排放量低于常规农业，当然研究中并没有讨论产量以及单位产量引起的温室气体排放量。对于欧洲奶牛场的分析表明，有机牧场的 CH_4、N_2O 排放数量显著低于常规牧场。本章仅分析由于减少氮肥使用引起的 N_2O 减排。

目前，我国有机种植业每年减少氮肥投入 25 万吨，减排 CO_2 当量 228.8 万吨，土壤有机碳增加折合成 CO_2 当量为 224.5 万吨，总计 453.3 万吨 CO_2 当量。

（四）生态服务价值

与常规农业比较，目前国际上普遍认为，有机农场比常规农场具有更丰富的土壤生物活性，生物多样性增加，包括细菌、真菌、步甲、螨类、蚯蚓等，土壤保水保肥性能增加，具有更高的土地生产力。2010 年，Sandhu 等应用生态服务价值评估方法，计算了 14 个有机农场、常规农场的生物防治、土壤形成（蚯蚓活动）两方面生态系统服务功能的不同并进行了定量，发现有机农场的生态服务价值比常规农场高 37 美元/（公顷·年）。对我国有机农业生态系统服务价值评估发现，每年其价值可以达到 3.2 亿元。

（五）减少氮素淋失，降低对地下水污染

和固碳减排类似，在不同的自然条件和管理措施下，有机农业降低的氮素淋失数量不尽相同。有机农业系统由于养分投入水平低，一般情况下养分过量、浪费和淋失数量低于常规农业；中国农业大学等在新疆对有机和常规水稻的研究表明，有机和常规水稻标准淋失硝酸盐 8.6 和 18.8 公斤氮/（公

顷·年），Kramer 等发现水果生产的淋失量则分别为有机 0.8 和常规 5.8 公斤氮/（公顷·年）。但如果管理不善（如没有捕获作物吸收氮、作物产量低、没有养殖系统），有机农业的养分淋失也会呈现很高水平在瑞典的多家有机农场。研究表明，在比常规农场产量低 20%~80%的情况下，有机农场的氮淋失量高于常规农场，而钾淋失量则低于常规农业。对我国 2013 年的有机生产分析发现，有机生产当年能够减少硝酸盐污染 5460 吨纯氮。

（六）降低能源投入，提高利用效率

与常规农业相比，有机农业生产中，不使用化学肥料和农药，可以降低能源的使用，但由于人工、物理和生物措施的使用，其能源使用也会增加。受到自然条件、农场管理方式、规模等因素的影响，有机农业生产的能量在不同有机农场表现不同。研究发现辽宁等小规模农场有机梨比常规梨生产能源效率（能量产出/能量投入）更高，单位产品能源投入更低，而在规模化的北京有机农场能源利用效率比常规农场低。

综上分析，有机农业对生态环境如降低能源使用、降低对生态环境污染、降低温室气体排放等效益显著。此外，如果加上减少农（兽）药提供安全农产品以及减少水体污染等对人体健康的正面效益，有机农业的生态环境效益会更加显著。

同时，也应认识到，有机农业生产所带来的环境效益，尚不能弥补有机农业减产的成本，有机农产品必须通过市场溢价或政府补贴才能维持其持续生产。因此，加大政府对有机农业的支持力度，提高消费者对有机农产品的支付意愿，是推动有机农产品市场可持续发展的保证。

随着国际贸易的发展，运输过程在有机产品全生命周期中的环境影响逐步增加，甚至远远超过生产和加工过程所产生的环境影响，鼓励当地生产、当地消费，是降低农业环境影响的重要措施。有机农业生产，其根本意义在于尽最大可能提倡和推广采用环境友好的农业生产加工技术，降低对于生态环境的负面影响，提高资源和能源利用效率，为人类提供健康安全的优质农产品。从这个意义上分析，当前我国有机农业生产不论从规模、环境效益还是其示范推广作用，已经对常规农业的完善和优化提供了有益的启示和借鉴。

二、有机产业发展的经济效益

我国有机产业发展在取得生态环境效益和社会效益的同时，也取得了较为可观的经济效益。

（一）有机产业企业的经济效益分析

根据我国6家有机认证机构随机抽取的120家通过认证的具有一定代表性的有机生产企业的样本调查，2013年国内有机生产企业取得了显著的经济效益。

1. 有机产品目标市场和销售情况分析

2013年国内120家典型有机生产企业的产品主要以国内市场销售为主，占到调查企业总数的75%，另外19%企业的市场包括国内和国际市场，即针对国内市场的企业占到了94%，只有6%的企业只做国际市场。说明当前国内市场是我国有机产品的主要市场，这与有机产业发展初期有机产品概念刚引入中国时有机产品的目标市场主要为了出口的情况已经截然不同。

在收集的调查问卷中，有80家企业提供了通过有机认证的产品中以有机产品销售的产品所占比例，通过认证的有机产品全部按常规产品出售（25家）、全部按有机产品销售（6家）和按有机产品销售的只占通过有机认证产品的一部分（49家）。这反映出因企业销售能力各不相同，多数企业（占调查企业的81%）有机产品销售比例都低于总认证产品的50%，有机市场的开拓仍有很大的空间。

2. 有机产品生产企业盈亏状况分析

根据有机发展年报的数据，调查的全部120家有机企业2013年企业盈利状况，其中盈利的有机企业占所有调查企业的有51%，亏损企业占到19%，其收益基本持平的企业占到30%，总体状况尚好。

根据调查中获得的企业的详细数据（100家），将企业从事有机生产的年份和产生的经济效益进行对比，发现从事有机生产第1~3年盈利、亏损和持平的企业基本相当，各占1/3左右；第4~6年，持平的迅速增加，分别超出亏损和盈利10%和15%；从事有机生产的第7年开始，再次以盈利为主，逐步超过亏损和持平；第10年以后多数企业仍以盈利为主，相比第7~9年增加了9%。初期盈利和亏损基本持平主要是由于有机生产初期资金投入大，转换期不能以有机产品进行销售等原因。企业有机生产能坚持10年以上，说明企业有机生产技术、管理和产品销售都具备一定的实力和经验，这是盈利的基础。

3. 有机生产盈亏的原因分析

从事有机生产的企业，其盈利的主要原因为国内市场需求增加、价格可观，这是有机生产企业是否盈利的决定因素。而企业亏损的主要原因依次为成本高、销售渠道不畅和产量低。

有机产品生产成本相对于常规产品较高是一个普遍存在的现象，除了日益增长的农资价格外，近些年我国劳动力成本的日渐增长也是重要的影响因素，有机生产由于不能使用化肥农药除草治虫，很多地方，特别是经济不发达或者山区小面积的种植生产企业，主要采取人工除草，这是增加成本的重要环节，最终也反映到较高的有机产品终端价格中去。销售渠道不畅是目前仅次于成本过高的重要原因，优质不能优价也挫伤了生产企业的积极性。产量低也是目前我国有机农业生产面临的一个主要问题，加强有机农业生产技术研究和推广，特别是土壤改良技术、病虫草害综合防治技术等，为有机农业的增产增收提供有力的技术保障显得非常迫切。

4. 大宗有机产品的经济效益分析

根据有机发展年报的数据分析，有机水稻、小麦、茶叶、蔬菜、水果等是我国有机生产的主要作物种类，每年产生的高于常规生产的经济效益估算为821.6亿元。以水稻和蔬菜为例，分析有机产品的经济效益。

（1）有机水稻

我国是稻米生产和消费大国，60%以上的人口以大米为主食。有机水稻的生产在我国各地已纷纷展开，国内市场有机大米的需求在不断增长，显示出很好的市场前景。

张莉侠等（2011）对上海崇明北部地区2009年的常规与有机水稻生进行了比较研究。常规粳稻的产量在8250公斤/公顷左右，产值为15675元/公顷。从粳稻种植的投入来看，生产成本为10046元/公顷，主要由物质和服务费用及人工费用构成，其中物质和服务费用6036元，占总生产成本的60%，人工投入成本 4010 元，占总生产成本的 39.9%。扣除生产成本后，粳稻的净收益为 4204 元/公顷。

调查的有机农场，由于种植时间比较早，技术比较成熟，管理比较规范，有机粳稻的产量接近常规水稻的产量，约为 6750 公斤/公顷，加工成有机粳米约有 5250 公斤/公顷，产值 31500 元/公顷，是常规粳稻毛收入的 2.2 倍。有机粳稻的生产成本也较高，约为 19875 元/公顷，其中物质和服务费用 11325 元，占生产成本的 57%，人工费用 8550 元，占生产成本的 43%，收支相抵。种植有机粳稻的净收入达 11625 元/公顷，远大于种植常规粳稻的收入 4204 元/公顷，是常规水稻种植净收入的 2.8 倍，最主要原因是每公斤有机水稻的销售价格是常规水稻销售价格的近 3.5 倍。

（2）有机蔬菜

我国地处亚热带和温带，蔬菜种植拥有得天独厚的自然环境优势。我国有机蔬菜生产从 20 世纪 90 年代开始，2000 年后发展较快，进入市场入世后更是受到众多蔬菜加工出口企业的重视，如山东泰山亚细亚食品有限公司就是我国出口加工有机蔬菜最早的企业，同时有机蔬菜也是国内市场最受消费者欢迎的有机产品之一。国内市场上，涌现了上海多利、崇本堂、北京有机农庄、南京普朗克等多个生产、销售有机蔬菜的知名企业。

对山东某有机蔬菜生产的调查表明，该农场采取了青刀豆、毛豆、西兰花、白花菜、菠菜等多种经济作物合理轮作的种植模式，既能满足有机生产轮作要求，又能达到提高复种指数、提高有机农业生产者经济效益的效果。有机蔬菜生产年净收入为 53325 元/公顷，高于常规蔬菜种植的 37500 元/公顷，有机基地净收益比常规基地增长了 70%。

随着有机产业的发展，很多地方政府将有机产品开发作为发挥区域环境优势、调整农业产业结构、发展地方农业经济的重要举措进行推进，编制了有机产业发展规划，出台了鼓励政策，取得了良好的经济效益，如新疆维吾尔自治区、辽宁省盘锦市、辽宁省建平县、江苏省宝应县、贵州省凤冈县、浙江省遂昌县及建德市、江西省万载县等。一些龙头企业也启动有机产品的开发，带动地方有机生产基地的规模化建设，使农民增收，脱贫致富，如贵州茅台酒股份有限公司、内蒙古伊利集团、蒙牛集团等。

（二）影响有机生产经济效益的因素

1. 有机生产的投入产出

通过有机与常规生产基地的投入、产出比较，结合对有机生产基地的考察可知，不同的有机生产类别，其投入、产出与常规相比差别较大，通常有机生产的投入基本上是常规的 1~3 倍，产量只有常规的 60%~90%，能否获得较好的经济效益，同有机产品的价格是直接相关的。

2. 有机产业发展获得良好经济效益的要素分析

我国有机产业的发展主要是以市场为导向的，消费者对有机产品的接受度直接影响有机从业者的经济效益。如何让消费者广泛了解并消费有机产品，同各级政府机构的政策支持、不同类别与形式的宣传、生产企业的有机生产技术、有机产品质量、企业的营销策略、合适的性价比等多种因素相关。有机产业符合时代发展的需要，具有很大的市场和经济效益的潜力，但只有有机产业发展的各个环节都能很好地相互衔接与促进，有机产业发展的经济效益才能得以顺利实现。

（1）有机产业发展需要来自政府的政策支持

有机农业是一种环境友好型农业，将生产过程中的环境成本内部化，必然导致单位产品的实际成本增加和销售价格的提高，但过高的价格，必然会抑制市场的发展；而且有机生产转换期通常需要经过 2~3 年，转换期间要严格按照有机产品标准进行生产，生产资料和人力成本要增加，难以迅速产生明显的经济效益。

尽管一些地方政府制定了有机农业的补贴政策，但多以认证补贴为主，各地数额不一，而且缺乏国家层面的补贴政策。

（2）提高有机生产的技术与管理水平，降低有机生产成本

有机农业不是现代农业向原始农业简单倒退和“回归”，而是从“战胜自然”向尊重自然、把握自然规律的基础上利用好自然的一种理念的提升，是基于生态农业基本理念、应用现代科学技术和管理学原理的现代化生态农业的一种标准化形态，不仅仅是化肥、化学农药的禁用。在整个生产系统的设计、从生产到加工销售的各个环节都需要更为有力的科技支撑。

(3) 营造全社会了解和消费有机产品的氛围

市场是有机产品发展的决定因素。当前有机产品在我国普及率正在逐步提高，有关有机产业的报道，有机产品的宣传、营销网站众多，这对宣传发展有机农业开发有机产品的重要意义及相关的科学文化知识、倡导健康的绿色消费理念、开拓有机产品的消费市场、提高全民参与的自觉性和积极性无疑具有非常重要的作用。但还需要进行更加贴近消费者的宣传活动，通过组建有机产品消费者协会，组织消费者参与有机产品生产过程，对有机产品的品质进行全面研究，以科学的证据来证明有机产品品质的优越性等，使消费者能够亲身感受、体验、认知有机农业和有机产品，消除诚信危机，从而积极购买、消费有机产品。

调查表明，尽管被调查的消费者中听说过有机食品的占93%，但在所有听说过有机食品的消费者中仅有6%的人对有机食品的具体概念非常了解。而在有机农业与常规农业的区别方面，20%的被访者表示一点都不清楚，显示出进一步深入广泛宣传的迫切性。

(4) 建立与有机产品特性相吻合的营销方式与合理的性价比

有机产品在经营理念、行为、宣传、包装、价格、促销、服务等方面都要与有机产品产业的整体形象相吻合。有机产品从生产至销售的整个生命周期过程均体现保护生态环境、关爱人类健康的理念。因此，在有机产品的营销过程中要把有机产品的理念和文化内涵渗透到有机产品销售和经营企业的形象设计中去。有机产品要使用对生态环境和人体健康无害、能循环和再生利用的绿色包装，避免豪华包装，但又要尽量做到体现有机产品理念、传统特色和返璞归真景象的优美包装。有机生产企业要采用绿色营销的方法，选择好能够区别于常规产品、独具特色的有机产品销售渠道，如家庭配送服务、专卖店或超市中专柜销售等。

三、有机产业发展的社会效益

在有机产业发展过程中，尊重、顺应、保护自然的理念得到传递，由此培养并深化了人们可持续的消费观念。当前，在我国生态文明建设、新农村建设大力推进的进程中，有机产业作为一个特有的生产消费方式，彰显出不可替代的社会效益，并且值得后来从事有机产业发展的人们不断总结和研究。

（一）推动生态文明建设

党的十八大将生态文明建设纳入中国特色社会主义事业发展之中，形成了“五位一体”的总体布局，十九大则再次强调了生态文明建设的重要性。推动生态文明建设，从经济和社会发展层面来讲，就是要走可持续发展的道路，目标是追求内含环境价值和生态元素的绿色GDP，实现生产清洁、生活富裕、生态良好，方向是绿色生产、绿色消费，途径是节能减排、技术创新、产业升级，大力发展低碳经济、循环经济。不难得出，生态文明是遵循人、自然、社会和谐发展这一客观规律而取得的物质与精神成果的总和，是以人与自然、人与人、人与社会和谐共生、良性循环、全面发展、持续繁荣为基本宗旨的社会形态。

有机农业作为资源节约型、环境友好型的农业发展模式，以健康、生态、公平、关爱为原则，遵循自然生态系统和社会生态系统原理，将可持续思想贯穿于农业生产的全过程，在保护农业生态环境的前提下，促进农业转型升级、提质增效。应该说，发展有机农业与促进生态文明建设的目标是吻合的。面对资源约束趋紧、环境污染严重、生态系统退化的严峻形势，有机农业尊重自然、顺应自然、保护自然的生态文明理念，必将深入推进生态文明建设。

（二）提升可持续消费意识

有机产品的命脉是基于消费者对有机农产品的信任以及对安全食品的渴望，应该兼具环境友好性和人文关怀的因素；消费者消费有机产品时，更加珍惜，不随便浪费，促使绿色、节约的可持续消费意识的形成。调查表明，有小孩和老人的家庭对有机农产品的关注度与认知度更高。

有机产品是人们由传统的生产和消费观念转向科学、文明、理性的发展观念的必然结果。有机产业在发展过程中广泛传播了可持续发展的思想和理念。在生产环节，通过生产有机农产品，企业和农户树立了保护环境、节约资源、注重产品安全的意识，并把这种意识自觉地融入生产过程和行为；在消费领域，通过形式多样的促销活动以及整体形象的宣传，让广大消费者认识、理解和接受有机食物生产方式对环境、对自身健康的重要作用，进而形成可持续发展的群体意识，并产生示范、扩散效应。

（三）保障公众消费安全

食品安全是消费者高度关心的问题，消费者对食品安全问题的关注与年俱增，总体形势依然严峻。2013 年中央农村工作会议强调，能不能在食品安全上给老百姓一个满意的交代，是对我们执政能力的重大考验。食品安全源头在农产品，基础在农业，必须正本清源，首先把农产品质量抓好。用最严谨的标准、最严格的监管、最严厉的处罚、最严肃的问责，确保广大人民群众“舌尖上的安全”。食品安全，首先是“产”出来的，要把住生产环境安全关，治地治水，净化农产品产地环境，切断污染物进入农田的链条。食品安全，也是“管”出来的，要形成覆盖从田间到餐桌全过程的监管制度，建立更为严格的食品安全监管责任制和责任追究制度，使权力和责任紧密挂钩。要大力培育食品品牌，用品牌保证人们对产品质量的信心。

有机农业对有机生产基地土壤、灌溉水和大气有较高的要求，把住生产环境安全关；严格管制乱用、滥用违禁农业投入品，切断污染物进入农田的链条；有机标准及相关法规覆盖了从田间到餐桌全过程，有机农业多为公司加农户或合作社的形式，生产主体组织化程度更高，能更有效地落实生产规程和标准要求。另一方面，有机农业建立了严格的追溯系统和监管制度，上市流通的有机农产品通过有机码建立起有效的可追溯体系，规范了产品终端市场。有机农业保障了优质安全食品的生产的同时，还保障了消费的安全，提升了消费者的信心。

（四）促进农村劳动力就业

我国是农业大国，农村人口占全国总人口将近 50%。有机农业是传统农业与现代科技有效融合的劳动密集型产业，需要大量的知识技术投入。有机农业生产过程中需要精耕细作，本身就有利于解决农村剩余劳动力就业，如果能建立起配套的有机农产品加工业，延长有机农业生产链，使有机农产品向精、深加工方向发展，就能吸纳更多的农村剩余劳动力就业，有助于维持农村劳动力稳定，同时可以缓解农民工大规模向城市转移的压力，缓解城市人口的就业压力。对农业经济发展和促进社会稳定都起到重要作用。

发展有机产业，在保障有机农产品供给同时，保护并美化了农村环境。很多有机生产基地发展了旅游农业、观光农业、休闲农业、度假农业等，满足城乡人民精神生活需求的同时，延长了农业产业链，提高了农村劳动就业率。

在贫困地区，由于土地资源有限，农村劳动力普遍过剩。通过发展有机农业，外出打工的年轻人可返乡从事这一行业，这不仅解决了青年劳动力的就业问题，还解决了农村妇女、老人的隐性失业问题，有利于提高其经济社会地位。在公司租赁经营的有机农场中，聘用的劳力以妇女、老年人为主，使他们在照顾好家庭的同时，有一份稳定的收入来源，也提高了妇女在家庭中的地位。

另外，通过科研专家的专题讲座、技术人员的咨询、田间指导等多种渠道，对农民进行技术培训和教育，使其掌握有机农业的相关知识、技术和技能，可以把农民培养成高素质、技能型、专业型的综合农业人才。

（五）破除绿色贸易壁垒

当今世界贸易组织框架下的农产品国际贸易，各成员为保护本国产业，设置了各种绿色壁垒。这些国家虽然对我国出口食品设置较高的“标准门槛”，但按照有机农业国际标准进行生产、加工的有机农产品却不存在任何的贸易障碍，同时中国有机农产品也深受发达国家消费者的青睐。当我国一般食品出口受挫时，有机农产品仍然是我国食品国际贸易的重要组成部分。推行有机农业的发展，生产出更多的有机产品，这是提高我国农产品国际竞争力和扩大国内需求的有力措施。我国具有比较优势的仍然是劳动密集型产品和部分技术密集型产品，如蔬菜、水果、畜产品、水产品等。这些产品的国际市场价格较高，有利于提升农业综合实力和国际竞争力，增加我国农民收入。

（六）促进社会诚信体系建设

有机产业源于有机农业，得益于有机认证。认证的本质是信任担保，“传递信任，服务发展”的本质属性，成为促进诚信体系建立的内在动力。认证服务的信任担保属性，要求认证行业的发展必然以诚信为基础，推动生产企业、经营单位、认证机构、检测机构和从业人员提高诚信意识，建立相关诚信档案，共同促进了社会诚信体系建设。

以上这些社会效益的显现，促进了生态效益和经济效益的提高，其形成的良性循环，不断提升着有机产业的综合效益。

（七）促进后疫情时代有机产业发展

2020 年新冠肺炎疫情在中国有机农业生产的上下游诱发了一系列连锁反应，对有机农业产业链冲击很大。疫情发生以来，中国政府高度重视农业发展。从 2020 年 2 月初起，中共中央应对新冠肺炎疫情工作领导小组就已将农业列为头等要务之一。围绕扎实做好“六稳”工作、全面落实“六保”任务，中国政府相关部门相继采取一系列促进农业农村发展的有力措施，这为有机农业的持续发展注入了强大动力。面对疫情，化危为机，中国有机农业发展潜力巨大。疫情不但带来了消费观念的变化，也带来了消费方式的转变，这是有机农业的新商机。

为确保疫情防控期间质量认证工作平稳有序顺利实施，国家市场监督管理总局办公厅发布了《关于在新型冠状病毒感染肺炎疫情防控期间实施好质量认证相关工作的通知》（市监认证〔2020〕9 号），为疫情下有机认证机构开展线上检查和顺延既有认证证书有效期提供了依据。这是全球首个机构发情下开展认证工作的官方文件。《市场监管总局关于深入开展质量提升行动促进常态化疫情防控和全面复工复产达产的通知》（国市监质〔2020〕78 号）指出，强化质量认证作用。在食品农产品、消费品、装备制造和服务业领域，积极推行高端品质认证，引导产品和服务质量提升。加快实施统一的绿色产品认证标识体系，完善有机产品认证制度，助力绿色生态产业发展。防疫正当紧，农时不等人。为确保疫情之年有机生产的有序开展，进一步提高有机产品质量管理水平和市场竞争力，全国有机认证机构纷纷通过线上线下双管齐下的方式对有机企业进行新版有机认证制度培训，获得有机生产企业的积极响应。

第二节 可持续发展路径分析

根据IFOAM国际有机联盟对相关标准和立法情况的调查，2020年有72个国家全部实施有机产品法规；22个国家已有有机产品法规，但未完全实施；14个国家正在起草相关法案。在这些国家中，马达加斯加和埃及新通过了有机产品法规。欧盟和美国正在大幅修改其现有的有机产品法规。2020年，菲律宾和秘鲁对其现有法规做出了重大修订。在促进有机产品生产和消费方面，有机部门尤其喜欢采用可持续的公共食品采购政策和适用于公共机构食品和餐饮服务的标准。这些措施可以依照有机农业的准则，将购买力向支持环境、健康和社会经济目标转移。许多例子表明，公共食品采购可以协助创造一个新且稳定的有机产品市场，从而刺激饮食习惯的改变以及促进有机农业的转变。在有机3.0时代背景下，我国亟须基于真正可持续的农业和价值链的最佳实践，顺应我国生态文明建设和食品安全保障的双重要求，立足我国生态和资源优势，确定我国有机食品产业的发展战略，提出合理有效的发展路径，促进我国有机食品产业的全面、持续、稳定、健康发展。

一、有机3.0时代的到来

尽管全球有机运动取得了显著的成绩，有机理念被人们广为认同，但是经过近一个世纪的发展，全球经过认证的有机农田只占全球农业用地的0.99%，有机食品消费也不到全球食品消费的1%。有机3.0时代的提出就是要将有机产业当作一个现代的创新系统，为饥饿、不平等、能源消费、环境污染、气候变化、生物多样性减少和自然资源的枯竭等全球性问题提供解决方案。

二、有机3.0的总目标

有机3.0的总目标是实现基于有机原则的真正可持续的农业体系和市场的广泛采用，总体方法包括创新文化、向最佳实践持续改进、透明诚信、包容协作、构建整体系统和基于真实价值定价。

作为一个现代化、创新的农业系统，有机 3.0 扩展了参与机制，将生态、经济、社会、文化和责任整合到地方和区域环境中。有机 3.0 要在资源的再生、生产的责任、消费的可持续性、人类价值观、习俗和习惯的伦理和精神发展等指导下，建立一种新的有机文化，推动整个社会的发展。

三、有机 3.0 的发展策略

有机 3.0 通过六个具体策略，持续推进有机核心理念中生物多样性的实现。需要明确的是：没有一个“万能”的方法适合于所有地方，各国需要探索适合国情的具体方法。具体如表 9-1 所示：

表 9-1　有机 3.0 的发展策略

编号	发展策略
1	建立创新文化，吸引更多的农民转换和采用有机农业的最佳实践。有机 3.0 要积极主动探寻传统和新兴的创新，并且评估其风险和潜力
2	向最佳实践持续改进，有机产业整个价值链上所有参与者要关注可持续发展的所有方面，包括生态、社会、经济、文化和责任等各方面
3	采取多种方式确保透明和诚信，除了通过第三方认证以外，促使更多的群体采纳有机生产方式
4	通过积极与许多运动和组织建立联盟，实现更广泛的可持续发展的利益，这些运动和组织具有真正可持续的粮食和农业的互补方法。然而，它也明显区别于不可持续的农业系统和“绿色清洗”举措
5	从农场到消费者的赋权。承认基于领土的有机价值链各个环节的相互依存和伙伴关系；特别承认小农家庭农民的核心地位、性别关系和公平贸易的核心地位
6	真正的价值和成本核算，内部化成本和效益，鼓励消费者和政策制定者的透明度，并赋予农民作为合作伙伴的充分权力

四、真正可持续的农业及其价值链的最佳实践

有机 3.0 建立在对公共利益目标和追求更加深入的理解和定位上，因此

非常注重有机运动内部和外部所有利益相关者的精神、态度、价值观和战略计划。真正可持续的农业及其价值链的最佳实践所包含的层面和目标如图9-1所示。

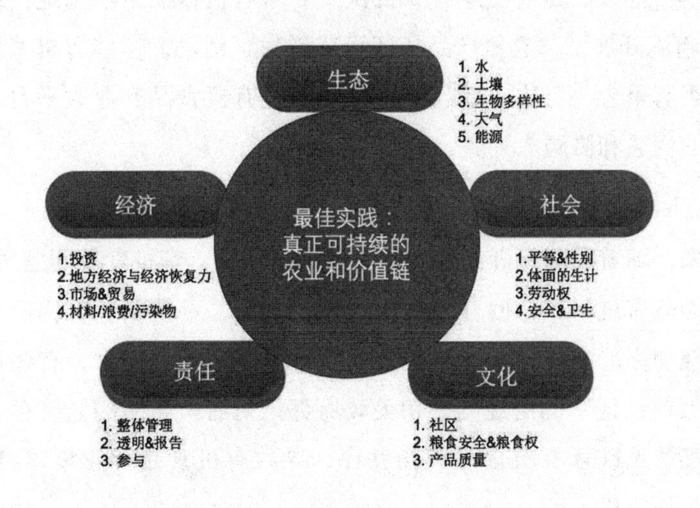

图9-1 最佳实践：真正可持续的农业及其价值链

五、中国有机食品产业存在的问题及原因

有机食品产业包括有机食品的生产、加工、认证、运输、贸易、销售、进出口、监管、科研、咨询、教育、培训、文化、信息交流等方面，不仅关系安全食品的供应与保障，还与社区建设、城乡一体化、农业面源污染治理、生态环境保护、气候变化等全球性问题密切相关。中国向可持续的农业生产和消费转型日益被视为全球可持续发展难题中的一个关键因素。我国有机食品产业起步较晚，目前已初具规模，取得了显著的成效，但也存在很多的问题，主要包括以下几个方面：

（一）政府对有机食品产业扶持力度不够，相关政府部门需要加强沟通和协调

我国中央政策上暂无针对有机农业、有机食品产业的专门补贴，地方政府对发展有机食品产业的优惠政策和各项投入也较少，不利于激发有机生产

的积极性，严重阻碍有机食品产业的发展壮大。另外，农业部自 2002 年积极推进全国有机农业示范基地建设，并将适时开展有机农产品生产示范基地（企业、合作社、家庭农场等）创建；环保部自 2003 年开展了“国家有机食品生产基地”建设，目前已经有 5 批次 176 家有机食品生产基地；认监委自 2011 年起组织开展了“有机产品认证示范创建”活动。这些有机基地建设项目之间是否有重合，上述三部门能否合作推进有机食品产业大平台建设，需要进一步的沟通和协调。

（二）有机食品行业集体声誉下降，出现消费信任危机

近年来，随着我国有机食品行业保持高速增长，有机食品问题屡见不鲜。有些企业伪造有机标识，擅自销售假冒有机食品，一些认证机构没有严格按照相关法规和标准的规定进行有机食品认证，环节随意性大，有些认证机构存在“给钱就认证”的潜规则，相关政府部门对有机食品的监管存在很多漏洞。这些都严重破坏有机食品市场秩序，导致有机食品行业集体声誉下降，出现消费信任危机。

（三）有机生产加工技术整体水平较低，有机生产服务体系不健全

目前，我国有机农业生产加工技术整体水平依然较低，包括土壤培肥、病虫害防治、产品开发等方面，这是造成我国有机产品成品率低、有机产品价格居高不下的一个重要原因。另外，有机生产配套服务体系不健全，有机食品生产技术人员严重缺乏，有机食品市场组织管理体系和销售体系还未真正建立。

（四）有机食品种类不够丰富多样，难以满足消费者日益增长的多样化需求

尽管根据我国《有机产品目录》列出了 127 类食物，但实际生产中有机食品品种很单一。2014 年我国有机作物产量从大到小依次为谷物、水果与坚果、蔬菜、豆类与其他油料作物、茶叶等；有机畜禽类动物中产量最高的是羊、牛、猪等；有机动物产品中 99.0%是有机牛奶，其次是有机鸡蛋 0.5%；有机水产类产量最高的依次为海藻和海草类、鲜活鱼类、甲壳与无脊椎动物类。

（五）公众对有机食品的认识存在误区，有机理念薄弱

我国当前社会对有机食品和有机农业的认知存在一些误区。一是绝大多数消费者将有机食品视为“最安全”食品，还有部分人认为有机食品比普通食品更有营养，将其视为健康的最好保障，对有机的环保和可持续内涵没有基本的认知；二是部分从事有机生产的企业并未秉承“可持续发展”的有机理念，仅为了获取高额利润，尤其是很多初次申报有机食品认证的企业人员对有机食品相关法律法规和标准并未充分理解，还停留在“生产过程不使用农药、化肥”这一种植环节的基本要求。

六、有机3.0时代背景下中国有机食品产业的发展战略及路径分析

我国一直将有机农业和有机食品产业的发展作为推进生态文明建设的重要举措。《中共中央国务院关于加快推进生态文明建设的意见》（中发〔2015〕第12号）中明确将有机农业列为绿色产业的重要组成部分，并提出要加快推行有机产品认证，同时将有机产品、低碳产品等纳入国家统一的“绿色产品认证”体系中。《“十三五”生态环境保护规划》（国发〔2016〕65号）中指出，要“发展生态农业和有机农业，加快有机食品基地建设和产业发展，增加有机产品供给”，这是推进供给侧结构性改革的重要方法和途径。同时，通过大力发展有机食品等环境友好型食品，可以在关注食品质量和数量的同时，改善产地环境，控制食品安全风险的源头，从根本上减少和降低食品安全问题的出现。《2016年食品安全重点工作安排》（国办发〔2016〕30号）中指出，要“大力发展无公害食用农产品、绿色食品、有机食品、地理标志食用农产品等安全优质品牌食用农产品”，作为“加大食用农产品源头治理力度”的重要途径。

（一）构建中国有机食品产业“四位一体”发展战略

尽管目前我国有机食品产业规模较小、发展程度较低，总体处于起步阶段。但我国拥有悠久的手工农业生产历史、丰富的物种资源、充足的农村劳动力、传统精耕细作的生产习惯、广阔的地域条件等优势。随着我国经济水平持续增长，有机食品市场需求会进一步扩大，这为我国有机食品产业的发

展提供了广阔的空间。按照有机 3.0 的要求，有机农业和有机食品产业的发展需要政府、认证机构、企业、公众等所有利益相关者改变思维、积极参与、共同努力，并且要关注生态、社会、文化、经济和责任等五个层面，因此，我国有机食品产业战略应顺应我国生态环境保护和食品安全保障的双重要求，立足我国生态和资源优势，充分利用区域农牧业特色，走可持续发展之路，构建“四位一体”的有机食品产业发展战略，见图 9-2。所谓有机食品产业“四位一体”战略是指，政府、认证机构、企业、公众要加强交流和沟通，分别承担各自在有机食品产业发展中的责任，共同推进我国有机食品产业的发展。

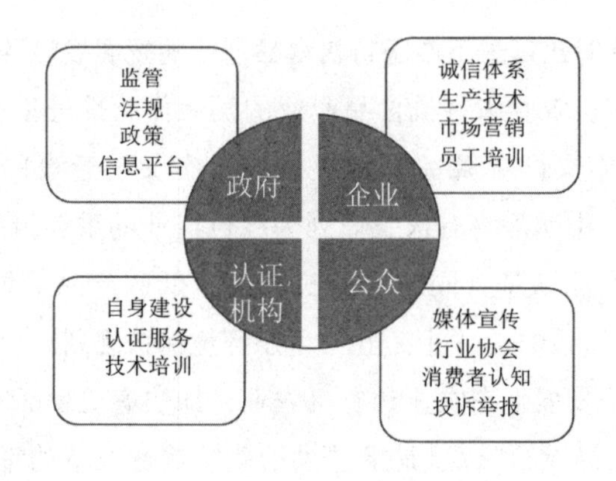

图 9-2　我国有机食品产业发展“四位一体”发展战略

（二）有机 3.0 背景下中国有机食品产业发展路径分析

1. 政府

加强有机食品监管，适时修订相关法规标准，积极推进有机食品标准国际互认。政府相关部门应加强沟通和协调，强化有机食品监管力度，规范有机食品市场发展，提高有机食品行业集体声誉。首先，要加强有机认证监管，发挥认证制度对有机生产的规范作用；其次，加大有机食品抽检力度，坚决查处违规产品、严罚违规获证企业；再次，完善有机食品风险预警工作，各级监管部门做到早预警、早预防，更好地维护认证企业和消费者的权益。目前，我国已经建立了比较完善的有机产品相关法规和标准体系，但是相关法规尚属于低位阶法，标准体系还不够全面，应参照国际标准和法规，适时修订相关法规标准，并与欧盟、美国、日本等国家的标准体系接轨，积极推进有机食品标准国际互认，提高我国有机食品的国际竞争力。

推出有机食品产业扶持政策，制定有机食品产业发展规划，引导整个生产体系向可持续生产方式转变。长期以来，有机农业的环境效益（即硝酸盐浸出减少、农田生物多样性增加、碳固存增加和温室气体排放减少等）并未纳入真正的成本—收益核算中。政府部门需要将有机生产的环境效益纳入公共政策中，出台有机食品产业扶持政策，比如土地流转优惠政策，提高食品生产者从事有机生产的积极性；各地政府应因地制宜，制定有机食品产业发展规划，引导整个生产体系向可持续生产方式转变。

加大有机食品产业的直接补贴和绿色金融支持，促进相关科学研究、服务体系建设与产业创新。有机食品产业前期投入大，生产成本高，回报周期长，限制了产业的发展。国外对有机农业生产都有相应的补贴，但目前我国有机产业补贴制度区域差别大、补贴要求不一致。国家需要加大有机食品产业的直接补贴和资金投入，推动绿色金融的发展，缓解有机食品企业转换期的资金不足问题，支持相关科学研究，提升有机食品产业技术水平，完善有机产业服务体系的建设，奖励有机食品产业创新，推动有机食品产业的健康发展。

搭建有机食品信息交流平台，大力推广有机文化和绿色消费理念。我国有机食品产业发展遭遇瓶颈的一个重要原因就是公众对于有机农业及有机食品的理解存在误区，没有形成基于有机核心原则和持续创新的有机文化。消费者选择绿色或可持续的消费方式的根基在于基本价值取向，需要增强有机食品质量的沟通和交流。建议政府相关部门在“中国有机食品农产品信息网”的基础上，搭建有机食品信息交流平台，建立高效透明的信息披露机制，促进有机食品产业利益相关者的沟通和理解，大力推广有机文化和绿色消费理念，增加公众对有机食品的信任和信心。在信息交流途径方面要积极创新，不要拘泥于宣传教育，比如，可以开展国家有机食品基地与环境教育基地共建，有机食品进社区、学校，举办有机食品节等形式新颖的活动，让公众从可持续发展和环保的角度认识有机食品的优势。

2. 认证机构

有机食品认证是有机农业、有机食品产业的核心要素。有机认证制度体系是否成熟是衡量一个国家或地区有机食品产业发展是否成熟的标志之一。认证机构应做到以下几个方面：

加强内部建设，树立有机认证的公信力。认证机构作为独立的第三方是有机产品质量的担保，首先应当强化自身建设。按照国家认监委发布的《有机产品认证实施规则》（CNCA-N-009：2019）的规定，认证机构应当建立内部制约、监督和责任机制，使受理、培训（包括相关增值服务）、检查和作认证决定等环节相互分开、相互制约和相互监督。认证机构不得将是否获得认证与参与认证检查的检查员及其他人员的薪酬挂钩。只有有机认证机构严于律己，才能树立有机认证的公信力，引导有机食品产业健康发展。

严格遵照有机产品认证相关法规标准进行认证，做好认证企业的跟踪服务和监督检查。有机认证机构要严格遵守《有机产品认证管理办法》（国家质检总局 155 号令）、《有机产品认证实施规则》（CNCA-N-009：2019）等法律法规的规定，严格审查认证委托人所提交的申请材料，进行现场检查准备，实施现场检查，作出认证决定，并要进行认证后的管理，包括认证机构每年对获证组织至少安排一次现场检查，及时了解和掌握获证组织变更信息，能够组织实施有效跟踪，以保证其持续符合认证的要求。认证机构应制定有机认证产品销售证的申请和办理程序，要求获证组织在销售认证产品前向认证机构申请销售证，并对其颁发的销售证的正确使用负有监督管理的责任。

利用自身资源优势，积极开展有机生产技术培训，向公众传播有机理念。有机认证机构要利用自身资源优势，积极开展有机生产技术等相关培训，加强对企业负责人及企业内检员的培训。此外，还可以搭建与关键技术配套的推广、咨询等服务平台，确保为有机食品产业的发展提供有效技术支持和信息服务。

积极开展有机标准国际互认活动，促进有机认证国际合作。通过国际互认等方式引导欧盟等海外认证在中国的发展，尤其是促进认证国际合作，有助于提升消费者支付意愿，促进有机食品市场发展。

3. 企业

有机食品产业链中的企业包括有机食品生产企业、加工企业和销售企业等，不管是哪种类型的企业都在有机食品产业中发挥着重要的作用，尤其是有机食品生产企业更是保证产品质量的首要责任人。有机食品企业需要做到以下几点：

严格遵守相关法律法规，加强企业自律，建立诚信体系。我国有机食品产业整体声誉的提高，不仅需要政府加大监管力度，认证机构加强认证检查和跟踪服务，更离不开有机食品企业严格遵守相关法律法规，为公众提供优质的有机产品，带动有机食品市场的繁荣发展。有机食品企业要立足长远发展，加强企业自律，建立诚信体系，这样才能在激烈的市场竞争中牢牢地吸引消费者，实现自身的可持续发展。

积极推进与高校、科研院所的合作交流，提高有机食品生产加工技术水平。实用、健全的有机产品生产配套技术，环保、有效的有机生产投入品的研发，是有机食品生产加工企业迫切需要的。但是有机食品生产加工技术的提高仅靠企业的投入是不够的，企业要积极推进与高校、科研院所的合作交流，建立产学研平台，进行有机食品的开发和创新，掌握有机食品生产的关键技术，并进行转化提高。

积极开拓有机食品市场，创新市场营销方式，推进有机食品品牌建设。鉴于有机食品价格远远高于普通食品，有机食品目前的主要客户源属于中产阶级，产品质量、环境问题、健康问题和生活方式是购买有机食品的最常见的动机。现有的有机食品市场销售方式包括超市、专卖店、直供和配销、政府和组织采购、国际性赛事和大型活动、有机餐馆、出口等。研究发现，消费者购买有机食品的动因主要是其低药残和环保特性，从拒购原因来看，昂贵的价格和缺乏信任成为主要障碍。有机食品销售企业应关注基于消费者有机食品购买行为的研究，对市场进行调研，充分利用互联网，进行精准营销，包括大力开发新的细分市场，比如有机礼品市场、有机婴幼儿食品市场等；与旅游休闲业结合，让消费者通过参与有机农场劳动，加深对有机食品的了解，促进有机食品销量提升等。有机企业要通过多种途径广泛宣传，推进品牌建设，不仅要重视产品本身的宣传，更要重视产品生产过程的展示，让消费者对有机食品的生产过程有更多的了解，提升对有机食品的认知度和信任度。此外，有机食品策略性定价问题也需要企业谨慎对待。

加强员工培训，使有机理念融入企业文化中。由于我国有机农业生产大多采用订单农业方式生产，必须要加强基层员工和合作农民的培训和监督。只有将有机生产的理念真正融入企业文化中，才能保证有机食品从业者能够按照有机生产的原则和要求进行操作。

4. 公众

公众包括媒体、社会组织和普通公民等，充分发挥公众的力量推进有机食品产业的发展，既是有机 3.0 的必然要求，也是社会共治的根本途径之一。

媒体应积极宣传有机理念，提高公众对有机的认知水平。有机理念的提出源于 20 世纪早期人们对农业、污染、食物、健康之间关系的深刻反思。IFOAM 给有机农业下的定义为：有机农业是一种能维护土壤、生态系统和人类健康的生产体系，其遵从当地的生态节律、生物多样性和自然循环，而不依赖会带来不利影响的投入物质。有机农业是传统农业、创新思维和科学技术的结合，有利于保护我们所共享的生存环境，也有利于促进包括人类在内的自然界的公平与和谐共生。

发挥有机食品行业协会的作用，积极传播有机食品文化，成为企业与政府之间的纽带。虽然目前中国有机食品认证机构有几十家，从事有机食品生产与销售的企业更是不计其数，但这些机构与企业却并没有通过行业协会协调行动，共同推进有机食品产业的健康发展。因此，有必要加强行业协会的建设，发挥有机食品行业协会的作用，积极传播有机食品文化，提高消费者对有机食品的认知度，同时行业协会还可以成为企业与政府之间的纽带，帮助企业获得政府的政策支持。

消费者要正确认识有机食品，学会正确辨别有机食品，践行绿色、可持续消费理念。消费者对有机食品的认知不能仅仅停留在“天然、安全、无污染”，有机食品的生产遵循可持续发展理念，消费有机食品也在是为保护生态环境贡献一分力量。尽管现在有机市场存在不少假冒伪劣产品，但是消费者不应对有机食品失去信心，要学习有机食品的相关知识，学会正确辨别有机食品，可以通过国家认监委网站“中国食品农产品认证信息系统”获取有机产品信息，辨别真伪。消费有机食品等可持续农业生产体系提供的食品就是践行绿色、可持续的消费理念。

公众要勇于投诉、举报假冒伪劣有机食品，依法维护自己的合法权益，促进有机市场净化。社会公众遇到假冒伪劣有机食品时，要勇于向相关部门投诉、举报假冒伪劣有机食品，依法维护自身的合法权益，同时也是发挥社会监督的力量，成为政府相关部门实现监管的有力补充，共同促进有机食品市场的净化。

七、结论

在有机 3.0 时代背景下，有机食品产业的发展需要整个有机农业及其价值链的联动。鉴于我国有机食品产业发展中存在的问题，结合我国的有机食品产业的实践和资源优势，构建政府、认证机构、企业、公众“四位一体”的发展战略，充分发挥每一个主体的主观能动性，推进真正可持续的有机食品产业的发展，实现绿色、可持续消费转型，对于保护和改善农村与农业生态环境，提高食品质量和安全水平，具有十分重要的意义，也是实现绿色发展、生态文明建设的重要途径。

主要参考文献：

[1] 国家市场监督管理总局，中国农业大学，编著. 中国有机产品认证与有机产业发展（2021）[M]. 北京：中国农业科学技术出版社，2021.

[2] 杨英姿. 有机产品认证质量监管和扶持要点研究 [J]. 品牌与标准化，2021（04）：101—102.

[3] 包宗顺. 常规水稻与有机水稻生产的技术经济比较——江苏省溧水县共和乡案例分析 [J]. 农业技术经济，2000（6）：40—44.

[2] 陈瑞冰，席运官，徐欣，等. 有机水稻与常规水稻生产的经济效益比较 [J]. 贵州农业科学，2009，37（6）：96—98.

[3] 陈新建，董涛. 有机食品溢价、消费者认知与支付意愿研究——以有机水果为例的实证分析 [J]. 价格理论与实践，2012（11）：84—85.

[4] 王利，张卫峰，马文奇，等. 中国化肥产业现状与近期走势 [J].

现代化工，2007，27（5）：1—6.

[5] 蒋高明. 发展生态循环农业，培育土壤碳库［J］. 绿叶，2009（12）：93—99.

[6] 饶静，纪晓婷. 微观视角下的我国农业面源污染治理困境分析［J］. 农业技术经济，2011（12）：11—16.

[7] 史新波. 谈认证行业诚信体系建设的可行性［J］. 中国质量认证，2006（10）：66—67.

[8] 王晶，车斌. 消费者有机蔬菜认知情况及购买行为分析——以上海市居民为例［J］. 浙江农业学报，2013，25（6）：1417—1422.

[9] 谢玉梅，高芸. 消费者对有机食品的认知和购买行为分析［J］. 江南大学学报（人文社会科学版），2013，12（1）：124—128.

[10] 张纪兵，肖兴基. 推动有机农业发展促进生态文明建设［J］. 农业科技管理，2009，28（1）：54—56.

[11] 张新民. 有机农业生产的环境效益——基于农户认知角度的实证分析［J］. 软科学，2011，25（7）：92—95.

[12] 国家认证认可监督管理委员会，中国质量认证中心，编著. 有机产品认证服务于生态文明建设的理论与实践［M］. 北京：中国质检出版社，中国标准出版社，2016.

[14] 李磊，周丽丽，高歌. 我国有机食品产业发展的现状和建议［J］. 食品研究与开发，2013，34（22）：134—136.

[15] 莫家颖，余建宇，龚强，等. 集体声誉、认证制度与有机食品行业发展［J］. 浙江社会科学，2016（3）：4—17.

[16] 潘林青，吴小康，魏圣曜. 高价“有机食品”造假追踪［J］. 中国林业产业，2012（3）：32—33.

[17] 郭铁. 最严标准为啥管不住“假有机”［J］. 质量探索，2015（10）：30.

[18] 叶碧华.“有机”成升值捷径 认证造假成风［J］. 中国民营科技与经济，2011（10）：24—25.

[19] 孙春伟. 有机食品监管制度的缺失与完善［J］. 学术交流，2012

(10): 73—76.

[20] 杜相革. 有机农业科技创新将成为产业化的核心支撑 [J]. 中国科技投资, 2013 (32): 38—41.

[21] 张纪兵, 胡云峰, 解卫华, 等. 关于新形势下中国有机产品发展的探讨 [J]. 农业科技管理, 2012, 31 (6): 1—3.

[22] 孔四新, 李海奎, SHUYA K, 等. 中外有机农业发展比较及中国有机农业的热点难点问题解析 [J]. 农学学报, 2016, 6 (8): 64—69.

[23] 潘娅慧, 栾治华, 刁品春, 等. 有机产品认证问题及对策探析 [J]. 农产品质量与安全, 2016 (1): 23—26.

[24] 旭日干, 庞国芳主编. 中国食品安全现状、问题及对策战略研究 [M]. 北京: 科学出版社, 2016.

[25] 范蓓, 申琳, 生吉萍. 浅谈我国有机食品发展战略 [J]. 食品科学, 2004, 25 (z1): 245—249.

[26] 鞠美华. 我国有机食品的立法研究 [D]. 山东师范大学, 2014.

[27] 李刚, 席运官, 刘振华, 等. 基于要素分析的有机食品产业发展规划研究——以建德市有机食品产业发展规划为例 [J]. 安徽农业科学, 2012, 40 (33): 16401—16402.

[28] 钱静斐. 中国有机农产品生产、消费的经济学分析——以有机蔬菜为例 [D]. 中国农业科学院, 2014.

[29] 梁琳. 国外绿色金融支持有机食品产业的经验 [J]. 世界农业, 2016 (7): 196—199.

[30] 周亚丽, 范仁英, 李春荣, 等. 我国有机食品产业发展现状及对策 [J]. 现代农业科技, 2012 (19): 335—335.

[31] 陈丽. 我国绿色食品和有机农产品发展成效与解决措施探究 [J]. 农业与技术, 2016, 36 (6): 150—150.

[32] 梁庆华, 李宗博. 我国有机食品产业发展面临六大问题 [J]. 农产品加工·创新版, 2012 (7): 22—23.

[33] 丁锁, 臧宏伟. 我国有机食品产业现状及发展优势 [J]. 现代农业科技, 2011 (22): 348—348.

[33] 张弛，席运官，肖兴基. 我国大型活动中有机食品供给现状及前景分析 [J]. 安徽农业科学，2011，39 (25)：15791—15792.

[34] 尹世久，徐迎军，陈默. 消费者有机食品购买决策行为与影响因素研究 [J]. 中国人口·资源与环境，2013，23 (7)：136—141.

[35] 杨楠. 消费者有机食品购买行为影响因素的实证研究 [J]. 中央财经大学学报，2015 (5)：89—95.

[36] 程玉桂. 有机食品可追溯与网络消费信任研究 [J]. 江西社会科学，2016 (4)：197—203.

[37] 郑明赋. 有机食品支付意愿研究现状述评 [J]. 天津商业大学学报，2016，36 (1)：42—47.

[38] 蒋忠庚. 谈有机食品的订单农业发展趋势 [J]. 农业开发与装备，2016 (5)：2—2.

[39] 梁威. 有机食品产业发展促进策略研究 [J]. 中国证券期货，2012 (12)：281.

[40] 王坤，平瑛. 上海市有机食品产业发展研究 [J]. 上海农业学报，2012，28 (3)：116—119.

[41] Torstensson G, Aronsson H, Bergström L. Nutrient Use Efficiencies and Leaching of Organic and Conventional Cropping Systems in Sweden [J]. Agronomy Journal, 2006, 98 (3): 603—615.

[42] Lorenz K, Lal R. Environmental Impact of Organic Agriculture [J]. Advances in Agronomy, 2016.

[43] Marus A, David G, Christopher S. Organic 3.0-for truly sustainable farming and consumption [R]. Bonn: IFOAM Organics International, Bonn and SOAAN, 2016.

[44] Willer H, Lernoud J. The world of organic agriculture. Statistics and emerging trends 2016 [R]. Bonn: Research Institute of Organic Agriculture (FiBL), Frick, IFOAM-Organics International, 2016.

[45] Sustainable Organic Agriculture Action Network (SOAAN). Best practice guideline for agriculture and value chains [R]. Bonn: The global organic movement

by IFOAM-Organics International, 2013.

[46] Loebnitz N, Aschemann-Witzel J. Communicating organic food quality in China: consumer perceptions of organic products and the effect of environmental value priming [J]. Food Quality and Preference, 2016, 50: 102—108.

[47] Sheng Jiping, Shen Lin, Qiao Yuhui, et al. Market trends and accreditation systems for organic food in China [J]. Trends in Food Science & Technology, 2009, 20 (9): 396—401.

[48] Meng Fanq, Qiao Yuhui, Wu Wenliang, et al. Environmental impacts and production performances of organic agriculture in China: A monetary valuation [J]. Journal of Environmental Management, 2017, 188: 49—57.

[49] Thogerson J, Zhou, Huang Guang. How stable is the value basis for organic food consumption in China [J]. Journal of Cleaner Production, 2016 (134): 214—224.

[50] Basha M B, Mason C, Shamsudin M F, et al. Consumers attitude towards organic Food [J]. Procedia Economics and Finance, 2015, 31: 444—452.

[51] IFOAM. Definition of organic agriculture. Italy: IFOAM, 2008. [2016-12-15]. http://infohub.ifoam.bio/sites/default/files/page/files/doa_chinese.pdf.

[52] Rodiger M, Hamm U. How are organic food prices affecting consumer behaviour? A review [J]. Food Quality and Preference, 2015, 43: 10—20.

[53] Dendler L, Dewick P. Institution alising the organic labelling scheme in China: a legitimacy perspective [J]. Journal of Cleaner Production, 2016 (134): 239—250.